高等职业教育基础课辅导用书

高等数学
精讲精练

第二版

主 编 杨天明 李三杰

 南京大学出版社

图书在版编目(CIP)数据

高等数学精讲精练 / 杨天明,李三杰主编. — 南京:
南京大学出版社,2015.8
ISBN 978 - 7 - 305 - 15715 - 8

Ⅰ. ①高… Ⅱ. ①杨… ②李… Ⅲ. ①高等数学－高
等学校－教学参考资料 Ⅳ. ①O13

中国版本图书馆 CIP 数据核字(2015)第 188448 号

出版发行　南京大学出版社
社　　址　南京市汉口路 22 号　　　　邮　编　210093
出 版 人　金鑫荣
书　　名　**高等数学精讲精练**
主　　编　杨天明　李三杰
责任编辑　彭于怀　蔡文彬　　　　编辑热线　025 - 83686531
照　　排　南京南琳图文制作有限公司
印　　刷　南京人民印刷厂
开　　本　787×1092　1/16　印张9.25　字数231千
版　　次　2015 年 8 月第 2 版　2015 年 8 月第 1 次印刷
ISBN 978 - 7 - 305 - 15715 - 8
定　　价　21.00 元

网址:http://www.njupco.com
官方微博:http://weibo.com/njupco
官方微信号:njupress
销售咨询热线:(025) 83594756

编写说明

高等职业教育作为我国高等教育的一个重要组成部分,与普通高等教育相比有其自身特点。高等数学课程设置的目的是让学生获得更多有实用价值的数学知识和数学思想及方法,从而获得一种文化素养。

为了让学生更好更积极主动地学习,我们编写了与教材相配套的《高等数学精讲精练》。本书按每章的内容提要、重点难点、典型例题分析、练习题、自测题等五部分编排。根据高职高专高等数学的教学目标及学生的实际,本书立足学生基础训练,增强同步性,指导学生有效地获取知识,培养学生自学能力与应用能力。

本书共分五章。第一章和第四章由郑州财经学院张二丽编写,第二章由宁夏师范学院杨纪华编写,第三章由郑州财经学院李三杰编写,第五章和综合练习由江苏农林职业技术学院杨天明编写。本书由杨天明、李三杰统一策划,总纂定稿。

本书难易适度,重点突出,叙述清晰,推理正确。主要作为高等职业技术院校各专业使用,也可供其他相关人员学习参考。本书的出版得到了南京大学出版社的大力支持,在此谨表示衷心的感谢!

限于编者的水平,加之时间仓促,书中难免有不当之处,敬请专家、同仁以及广大读者批评指正。

编　者
2015 年 7 月

目　录

第一章　函数、极限与连续

✏ 内容提要

1. 理解函数的概念,掌握求函数定义域的方法,掌握基本初等函数及其图像和性质,理解复合函数与初等函数的概念,掌握函数的性质,会画分段函数的图像,会建立简单的函数表达式.

2. 理解极限的概念,掌握左极限、右极限的概念,熟练掌握极限四则运算法则,掌握两个重要极限,了解无穷小与无穷大的概念及无穷小的比较.

3. 理解函数连续的概念,掌握初等函数的连续性及闭区间上连续函数的性质.

4. 掌握函数间断点的概念以及间断点的分类.

5. 掌握求极限的方法.

📋 重点、难点

1. 函数表达式的推演.

2. 求极限的类型.

3. 连续函数的介值定理.

4. 函数连续性的讨论.

5. 间断点的识别及分类.

📐 典型例题分析

【例 1 - 1】 下列四组函数是否恒等?

(1) $y=\dfrac{x^2-4}{x-2}$ 与 $y=x+2$;　(2) $y=\ln\dfrac{1+x}{1-x}$ 与 $y=\ln(1+x)-\ln(1-x)$;

(3) $y=2\ln|x|$ 与 $y=\ln x^2$;　(4) $y=\sqrt{x(x-3)}$ 与 $y=\sqrt{x}\cdot\sqrt{x-3}$.

解:(1) $y=\dfrac{x^2-4}{x-2}$ 与 $y=x+2$,定义域不相同,虽然对应法则相同,还是不恒等.

(2) $y=\ln\dfrac{1+x}{1-x}$ 的定义域为 $D=\{x|-1<x<1\}$,且 $y=\ln\dfrac{1+x}{1-x}=\ln(1+x)-\ln(1-x)$;

而 $y=\ln(1+x)-\ln(1-x)$ 的定义域也为 $D=\{x|-1<x<1\}$,说明两个函数定义域与对应法则都一样,所以恒等.

(3) $y=\ln x^2=\ln|x|^2=2\ln|x|$,易知两者恒等.

(4) $y=\sqrt{x(x-3)}$ 的定义域为 $x>3$ 或 $x<0$,$y=\sqrt{x}\cdot\sqrt{x-3}$ 的定义域为 $x>3$,两者不一致,故不恒等.

【例 1-2】 设函数 $y=f(x)$ 的定义域是 $[0,1]$，求 $y=f(x^2)$ 的定义域.

解：因为 $0\leqslant x^2\leqslant 1$，即 $-1\leqslant x\leqslant 1$，所以 $y=f(x^2)$ 的定义域为 $[-1,1]$.

【例 1-3】 设函数 $f(x)=\begin{cases}1,&|x|\leqslant 1;\\0,&|x|>1,\end{cases}$ 求函数 $f[f(x)]$.

解：当 $|x|\leqslant 1$ 时，$f(x)=1$，所以 $f[f(x)]=f(1)=1$；

当 $|x|>1$ 时，$f(x)=0$，所以 $f[f(x)]=f(0)=1$，

所以 $f[f(x)]=1$.

【例 1-4】 设 $f(x)=\dfrac{x}{\sqrt{1+x^2}}$，求 $f(x-1)$，$f[f(x)]$.

解：把 $g(x)=x-1$ 代入 $f(x)$ 中的 x，得

$$f(x-1)=\frac{x-1}{\sqrt{1+(x-1)^2}}=\frac{x-1}{\sqrt{x^2-2x+2}};$$

把 $g(x)=f(x)$ 代入 $f(x)$ 中的 x，得

$$f[f(x)]=\frac{f(x)}{\sqrt{1+[f(x)]^2}}=\frac{\dfrac{x}{\sqrt{1+x^2}}}{\sqrt{1+\dfrac{x^2}{1+x^2}}}=\frac{x}{\sqrt{1+2x^2}}.$$

【例 1-5】 将复合函数 $y=\ln(\sin\sqrt{1+x^2})$ 分解成简单函数.

解：（逆向思维法）"$x\to\varphi(x)=v\to h(v)=u\to g(u)=y$"，即

函数 $y=\ln(\sin\sqrt{1+x^2})$ 由 $y=\ln u$，$u=\sin v$，$v=\sqrt{t}$，$t=1+x^2$ 复合而成.

【例 1-6】 求极限 $\lim\limits_{n\to\infty}\left[\dfrac{1}{1\cdot 2}+\dfrac{1}{2\cdot 3}+\dfrac{1}{3\cdot 4}+\cdots+\dfrac{1}{n\cdot(n+1)}\right]$.

解：因为 $\dfrac{1}{n\cdot(n+1)}=\dfrac{1}{n}-\dfrac{1}{n+1}$，

所以 $\lim\limits_{n\to\infty}\left[\dfrac{1}{1\cdot 2}+\dfrac{1}{2\cdot 3}+\dfrac{1}{3\cdot 4}+\cdots+\dfrac{1}{n\cdot(n+1)}\right]$

$=\lim\limits_{n\to\infty}\left[\left(1-\dfrac{1}{2}\right)+\left(\dfrac{1}{2}-\dfrac{1}{3}\right)+\left(\dfrac{1}{3}-\dfrac{1}{4}\right)+\cdots+\left(\dfrac{1}{n}-\dfrac{1}{n+1}\right)\right]$

$=\lim\limits_{n\to\infty}\left(1-\dfrac{1}{n+1}\right)=1.$

【例 1-7】 设函数 $f(x)=\begin{cases}x^2+1,&x\leqslant 1;\\2+10^{\frac{1}{1-x}},&x>1,\end{cases}$ 求 $\lim\limits_{x\to 1}f(x)$.

解：利用左、右极限与极限的关系，求分段函数分段点的极限.

因为 $\lim\limits_{x\to 1^+}f(x)=\lim\limits_{x\to 1^+}(2+10^{\frac{1}{1-x}})=2$，

$\lim\limits_{x\to 1^-}f(x)=\lim\limits_{x\to 1^-}(x^2+1)=2$，

所以 $\lim\limits_{x\to 1^+}f(x)=\lim\limits_{x\to 1^-}f(x)=\lim\limits_{x\to 1}f(x)=2.$

【例 1-8】 求极限 $\lim\limits_{x\to 4}\dfrac{\sqrt{1+2x}-3}{\sqrt{x}-2}$.

$$解: \lim_{x \to 4} \frac{\sqrt{1+2x}-3}{\sqrt{x}-2} = \lim_{x \to 4} \frac{(\sqrt{1+2x}-3)(\sqrt{1+2x}+3)(\sqrt{x}+2)}{(\sqrt{x}-2)(\sqrt{x}+2)(\sqrt{1+2x}+3)}$$

$$= \lim_{x \to 4} \frac{2(x-4)(\sqrt{x}+2)}{(x-4)(\sqrt{1+2x}+3)}$$

$$= \lim_{x \to 4} \frac{2(\sqrt{x}+2)}{\sqrt{1+2x}+3} = \frac{4}{3}.$$

【例 1 - 9】　已知 $\lim\limits_{x \to \infty} \left(\dfrac{x^2+1}{x+1} - \alpha x - \beta \right) = 0$，试确定 α, β.

解：因为 $\dfrac{x^2+1}{x+1} - \alpha x - \beta = \dfrac{(1-\alpha)x^2 - (\alpha+\beta)x + 1 - \beta}{x+1}$，

由题设知 $1 - \alpha = 0, \alpha + \beta = 0$，

即有 $\alpha = 1, \beta = -1$.

【例 1 - 10】　当 $x \to 0$ 时，$\sqrt{1+x}-1$ 与下述函数进行比较,哪些是高阶无穷小? 哪些是低阶无穷小? 哪些是同阶无穷小? 哪些是等价无穷小?

(1) x；　(2) $\dfrac{x}{2}$；　(3) x^2；　(4) $\dfrac{x}{\sqrt{1+x}+1}$.

解：(1) $\lim\limits_{x \to 0} \dfrac{\sqrt{1+x}-1}{x} = \lim\limits_{x \to 0} \dfrac{1+x-1}{x(\sqrt{1+x}+1)} = \lim\limits_{x \to 0} \dfrac{1}{\sqrt{1+x}+1} = \dfrac{1}{2}$；

(2) $\lim\limits_{x \to 0} \dfrac{\sqrt{1+x}-1}{\dfrac{x}{2}} = \lim\limits_{x \to 0} \dfrac{2(1+x-1)}{x(\sqrt{1+x}+1)} = \lim\limits_{x \to 0} \dfrac{2}{\sqrt{1+x}+1} = 1$；

(3) $\lim\limits_{x \to 0} \dfrac{\sqrt{1+x}-1}{x^2} = \lim\limits_{x \to 0} \dfrac{1+x-1}{x^2(\sqrt{1+x}+1)} = \infty$，或 $\lim\limits_{x \to 0} \dfrac{x^2}{\sqrt{1+x}-1} = 0$；

(4) $\lim\limits_{x \to 0} \dfrac{\sqrt{1+x}-1}{\dfrac{x}{\sqrt{1+x}+1}} = \lim\limits_{x \to 0} \dfrac{1+x-1}{x} = 1$.

由此可见，x^2 是比 $\sqrt{1+x}-1$ 高阶的无穷小量，$\sqrt{1+x}-1$ 与 x、$\dfrac{x}{2}$ 及 $\dfrac{x}{\sqrt{1+x}+1}$ 是同阶无穷小量，与其中 $\dfrac{x}{2}$ 及 $\dfrac{x}{\sqrt{1+x}+1}$ 还是等价无穷小量.

【例 1 - 11】　求极限 $\lim\limits_{x \to 1} \dfrac{\sin(x^2-1)}{x-1}$.

解：$\lim\limits_{x \to 1} \dfrac{\sin(x^2-1)}{x-1} = \lim\limits_{x \to 1} \left[\dfrac{\sin(x^2-1)}{x^2-1} \cdot (x+1) \right] = 2$.

【例 1 - 12】　求极限 $\lim\limits_{x \to +\infty} \left(1 - \dfrac{1}{x} \right)^{\sqrt{x}}$.

解：$\lim\limits_{x \to +\infty} \left(1 - \dfrac{1}{x} \right)^{\sqrt{x}} = \lim\limits_{x \to +\infty} \left[\left(1 + \dfrac{1}{\sqrt{x}} \right) \left(1 - \dfrac{1}{\sqrt{x}} \right) \right]^{\sqrt{x}}$

$$= \lim_{x \to +\infty} \left(1 + \dfrac{1}{\sqrt{x}} \right)^{\sqrt{x}} \cdot \lim_{x \to +\infty} \left\{ \left[1 + \dfrac{1}{(-\sqrt{x})} \right]^{(-\sqrt{x})} \right\}^{-1}$$

$$= e \cdot e^{-1} = 1.$$

【例1-13】　设 $f(x) = \begin{cases} \dfrac{1}{x}\sin x, & x<0; \\ k, & x=0; \\ x\sin\dfrac{1}{x}+1, & x>0, \end{cases}$ 求常数 k 的值,使函数 $f(x)$ 在点 $x=0$ 连续.

分析:分别计算 $f(x)$ 在 $x=0$ 处的左、右极限,并使 $f(0)=k=f(0^+)=f(0^-)$.

解:因为
$$\lim_{x\to 0^-}f(x)=\lim_{x\to 0^-}\frac{\sin x}{x}=1,$$

$$\lim_{x\to 0^+}f(x)=\lim_{x\to 0^+}\left(x\sin\frac{1}{x}+1\right)=1.$$

这里用到无穷小与有界变量的积为无穷小量的性质,所以 $\lim\limits_{x\to 0^+}x\sin\dfrac{1}{x}=0$,则

$$f(0)=k=f(0^+)=f(0^-)=1.$$

【例1-14】　设函数 $f(x) = \begin{cases} 3x+4, & x\leqslant 0; \\ x^2+2, & 0<x<1; \\ 3, & x=1; \\ -\dfrac{3}{x-2}, & x>1, \end{cases}$ 求:

(1) 函数 $f(x)$ 的定义域;(2) $f(x)$ 的间断点并说明其类型;(3) 函数 $f(x)$ 的连续区间.

解:(1) 因为 $x>1$ 时,$f(x)=-\dfrac{3}{x-2}$,显然 $x=2$ 时 $f(x)$ 无定义,所以函数 $f(x)$ 的定义域为 $(-\infty,2)\cup(2,+\infty)$.

(2) 只需研究函数在分断点 $x=0$ 及 $x=1$ 以及无定义点 $x=2$ 处是否连续即可.

因为 $\lim\limits_{x\to 0^-}3x+4=4$,$\lim\limits_{x\to 0^+}x^2+2=2$,所以 $x=0$ 为跳跃间断点;

由于 $\lim\limits_{x\to 1^-}x^2+2=3$,$\lim\limits_{x\to 1^+}\left(-\dfrac{3}{x-2}\right)=3$,$f(1)=3$,所以函数 $f(x)$ 在 $x=1$ 处连续;

由于函数在 $x=2$ 无定义,且 $\lim\limits_{x\to 2}\left(-\dfrac{3}{x-2}\right)=\infty$,所以 $x=2$ 为第二类间断点.

(3) 综上结果,函数 $f(x)$ 的连续区间为 $(-\infty,0)\cup(0,2)\cup(2,+\infty)$.

【例1-15】　证明方程 $x=a\sin x+b(a>0,b>0)$ 至少有一个不超过 $a+b$ 的正根.

证明:令 $f(x)=x-a\sin x-b$,则 $f(x)$ 在 $[0,a+b]$ 上连续,又因为 $f(0)=-b<0$,$f(a+b)=a+b-a\sin(a+b)-b=a\cdot[1-\sin(a+b)]\geqslant 0$,由闭区间上连续函数的性质,得方程 $x=a\sin x+b(a>0,b>0)$ 至少有一个不超过 $a+b$ 的正根.

 练习题

§1.1 练习题

一、选择题

1. 下列 $f(x)$ 与 $g(x)$ 是相同函数的为　　　　　　　　　　　　　　　　(　)

　　A. $f(x)=x, g(x)=(\sqrt{x})^2$ 　　　　　　　B. $f(x)=\sqrt{x^2}, g(x)=|x|$

C. $f(x) = \lg x^2, g(x) = 2\lg x$ D. $f(x) = \ln \sqrt{x}, g(x) = \dfrac{1}{2}\lg|x|$

2. 函数 $y = e^x + 1$ 与函数 $y = \ln(x-1)$ 的图形   (   )

     A. 关于原点对称   B. 关于 x 轴对称

     C. 关于 y 轴对称   D. 关于直线 $y = x$ 对称

3. 函数 $f(x) = x^3 \sin x$ 是   (   )

     A. 奇函数   B. 偶函数

     C. 有界函数   D. 周期函数

4. 设 $f(\sin x) = 3 - \cos 2x$，则 $f(\cos x)$ 的值为   (   )

     A. $3 - \sin 2x$ B. $3 + \sin 2x$

     C. $3 - \cos 2x$ D. $3 + \cos 2x$

二、填空题

1. 函数 $y = \dfrac{4}{3x}\ln(x+2)$ 的定义域为_____.

2. 设 $f(x) = \begin{cases} \cos x, & x \leqslant 0; \\ \sqrt{x}, & x > 0, \end{cases}$ 则 $f(0) =$ _____.

3. 当 x 取值区间为_____时，可把 $u = \lg x$ 代入 $y = \sqrt{1-u^2}$ 构成复合函数.

4. 设 $y = 1 + u^2, u = e^v, v = \arcsin x$，则 y 表示成 x 的函数是_____.

5. 设 $f(2x+1) = e^x$，则 $f^{-1}(e^2) =$ _____.

三、解答题

1. 已知 $f(x)$ 的定义域是 $[1,2]$，求 $f\left(\dfrac{1}{x+1}\right)$ 的定义域.

2. 设 $f(\sin x) = \sqrt{1-4x^2}$，求函数 $f(x)$ 的定义域.

3. 已知 $f(x) = \dfrac{x}{1-x}$，求 $f[f(x)]$，$f\{f[f(x)]\}$.

4. 设 $f(x) = \begin{cases} 2^x, & x > 1; \\ x+1, & x \leqslant 1, \end{cases}$ 求 $f(0)$，$f(2)$，$f(x-1)$.

5. 指出下列函数的复合过程：

(1) $y = e^{(2x+1)^2}$

(2) $y = \arcsin\sqrt{1-2x}$

(3) $y = \cos\sqrt{\dfrac{x^2+1}{x^2-1}}$

(4) $y = \ln[\tan(x^2+1)^2]$

四、选做题

1. 设 $f(x+1)=\begin{cases} x^2, & 0\leqslant x\leqslant 1; \\ 2x, & 1<x\leqslant 2, \end{cases}$ 求 $f(x)$.

2. 设 $f(x)=\begin{cases} 0, & x<0; \\ 1, & x\geqslant 0, \end{cases}$ 求 $\varphi(x)=f(x)-f(x-1)$.

§1.2 练习题

一、选择题

1. 当 $n\to\infty$ 时,下列数列极限存在的是　　　　　　　　　　　　　　　(　　)

    A. $(-1)^n \cdot n$　　　　B. $\dfrac{n}{n+1}$　　　　C. 2^n　　　　D. $\sin\dfrac{1}{n}$

2. 下列函数 $f(x)$ 中,当 $x\to 0$ 时极限存在的是　　　　　　　　　　　(　　)

    A. $f(x)=\begin{cases} x^2+2 & (x\leqslant 0) \\ 2^x & (x>0) \end{cases}$　　　　B. $f(x)=\begin{cases} \dfrac{|x|}{x} & (x\neq 0) \\ 0 & (x=0) \end{cases}$

    C. $f(x)=\begin{cases} \dfrac{1}{2+x} & (x\leqslant 0) \\ x+\dfrac{1}{2} & (x>0) \end{cases}$　　　　D. $f(x)=\begin{cases} 1 & (x\leqslant 0) \\ -1 & (x>0) \end{cases}$

3. 若 $\lim\limits_{x\to x_0}f(x)=\infty$,$\lim\limits_{x\to x_0}g(x)=\infty$,则一定成立的是　　　　(　　)

    A. $\lim\limits_{x\to x_0}[f(x)+g(x)]=\infty$　　　　B. $\lim\limits_{x\to x_0}[f(x)-g(x)]=0$

    C. $\lim\limits_{x\to x_0}\dfrac{1}{f(x)+g(x)}=0$　　　　D. $\lim\limits_{x\to x_0}\dfrac{1}{f(x)}=0$

4. 当 $n\to\infty$ 时,下列变量为无穷小量的是　　　　　　　　　　　　(　　)

    A. $\dfrac{1}{n}$　　　　　　　　　　B. $\dfrac{(-1)^n+1}{2}$

    C. 2^n　　　　　　　　　　D. $n[(-1)^n+1]$

5. 当 $x \to 2$ 时, 下列变量为无穷大量的是　　　　　　　　　　　　（　　）

A. $f(x) = \begin{cases} \dfrac{x^2 - 4}{x - 2} & (x \neq 2) \\ 0 & (x = 2) \end{cases}$ 　　　　　　 B. $f(x) = 2^{\frac{1}{x-2}}$

C. $f(x) = \begin{cases} \dfrac{x + 2}{x - 2} & (x \neq 2) \\ 0 & (x = 2) \end{cases}$ 　　　　　　 D. $f(x) = \dfrac{1}{x - 2}$

二、填空题

1. $\lim\limits_{x \to \infty} \dfrac{\sin x}{x} = $ _____ ;

　 $\lim\limits_{x \to 0} x \cdot \sin \dfrac{1}{x} = $ _____ .

2. 凡无穷小量皆以 _____ 为极限; 在同一过程中, 若 $f(x)$ 为无穷大, 则 _____ 为无穷小.

3. 已知 $f(x+1) = x^2 + x + 1$, 则 $\lim\limits_{x \to 1} f(x) = $ _____ .

4. $\lim\limits_{x \to x_0} f(x) = A$ _____ $f(x) = A + \alpha$ (其中 $\lim\limits_{x \to x_0} \alpha = 0$).

5. 设 $f(x) = \begin{cases} 3x + a, & x < 1; \\ x^2 - 1, & x \geqslant 1, \end{cases}$ 如果 $\lim\limits_{x \to 1} f(x)$ 存在, 则 $a = $ _____ .

三、解答题

1. 求极限 $\lim\limits_{n \to \infty} \left[\dfrac{1}{1 \cdot 2} + \dfrac{1}{2 \cdot 3} + \dfrac{1}{3 \cdot 4} + \cdots + \dfrac{1}{n(n+1)} \right]$.

2. 设 $f(x) = \begin{cases} 3x + 2, & x \leqslant 0; \\ x^2 + 1, & 0 < x \leqslant 1; \\ \dfrac{2}{x}, & x > 1, \end{cases}$ 讨论 $x \to 0, x \to 1, x \to 2$ 时 $f(x)$ 的极限.

3. 设 $f(x) = \dfrac{ax^3 - (b-1)x^2 + 2}{x^2 + 1}$，当 $x \to \infty$ 时，求：(1) a,b 为何值时，$f(x)$ 为无穷小量；(2) a,b 为何值时，$f(x)$ 为无穷大量？

4. 讨论 $\lim\limits_{x \to 0} \dfrac{\sqrt{x^3 + x^2}}{x}$ 是否存在？

四、选做题

求极限 $\lim\limits_{x \to 1} \dfrac{x + x^2 + \cdots + x^n - n}{x - 1}$（$n$ 为正整数）.

§1.3 练习题

一、判断题（下列运算是否正确，正确的打"√"，错误的打"×"）

1. $\lim\limits_{x \to 3^-} (x + 1) = 4$　　　　　　　　　　　　　　（　）

2. $\lim\limits_{x \to \infty} (\sqrt{x^2 - x} - x) = \infty - \infty = 0$　　　　　　　（　）

3. $\lim\limits_{x \to \infty} \dfrac{2x^3 + 3}{3x^4 + 5} = \dfrac{\lim\limits_{x \to \infty}(2x^3 + 3)}{\lim\limits_{x \to \infty}(3x^4 + 5)} = \dfrac{\infty}{\infty} = 1$　（　）

4. $\lim\limits_{n \to \infty} \left(\dfrac{1}{n^2} + \dfrac{2}{n^2} + \cdots + \dfrac{n}{n^2} \right) = \lim\limits_{n \to \infty} \dfrac{1}{n^2} + \lim\limits_{n \to \infty} \dfrac{2}{n^2} + \cdots + \lim\limits_{n \to \infty} \dfrac{n}{n^2} = 0$　（　）

二、填空题

1. $\lim\limits_{x \to 2} \dfrac{x^3 - 3}{x - 3} = $ _____；

2. $\lim\limits_{x \to 1} \dfrac{x - 1}{\sqrt[3]{x} - 1} = $ _____；

3. $\lim\limits_{x\to\infty}\left(1+\dfrac{1}{x}\right)\left(2-\dfrac{1}{x^2}+\dfrac{1}{x}\right)=$ _____;

4. 已知极限 $\lim\limits_{x\to2}\dfrac{x^2-x+k}{x-2}=3$，则 $k=$ _____.

三、解答题

1. 计算下列极限：

(1) $\lim\limits_{x\to1}\dfrac{x^2-2x+1}{x^2-1}$

(2) $\lim\limits_{x\to1}\left(\dfrac{1}{1-x}+\dfrac{1-3x}{1-x^2}\right)$

(3) $\lim\limits_{x\to\infty}\dfrac{x+\sin x}{2x}$

(4) $\lim\limits_{n\to\infty}\dfrac{2^{n+1}+3^{n+1}}{2^n+3^n}$

(5) $\lim\limits_{x\to\infty}\dfrac{x^2+\sin x}{2x^2-\cos x}$

(6) $\lim\limits_{x\to\infty}\dfrac{(3x-1)^{10}(2-x)^5}{(2x+1)^{15}}$

2. 若 $\lim\limits_{x\to1}f(x)$ 存在，且 $f(x)=x^3+\dfrac{2x^2+1}{x+1}+2\lim\limits_{x\to1}f(x)$，求 $f(x)$.

四、选做题

求极限 $\lim\limits_{x\to+\infty}\dfrac{\sqrt{x}}{\sqrt{x+\sqrt{x+\sqrt{x}}}}$.

§1.4 练习题

一、选择题

1. 极限 $\lim\limits_{n\to\infty}n\cdot\sin\dfrac{2}{n}=$ ( )

    A. ∞ B. 1   C. 2   D. $\dfrac{1}{2}$

2. 极限 $\lim\limits_{x\to\infty}\left(1+\dfrac{a}{x}\right)^{bx+d}=$ ( )

    A. e B. e^{b} C. e^{ab} D. e^{ab+d}

3. 下列表达式中正确的是 ( )

    A. $\lim\limits_{x\to0}\dfrac{\sin x^{2}}{x}=1$ B. $\lim\limits_{x\to0}\dfrac{\sin x}{x}=1$

    C. $\lim\limits_{x\to0}\dfrac{\sin x}{x^{2}}=1$ D. $\lim\limits_{x\to\infty}\dfrac{\sin x}{x}=1$

4. 下列各式中正确的是 ( )

    A. $\lim\limits_{x\to\infty}\left(1-\dfrac{1}{x}\right)^{x}=e$ B. $\lim\limits_{x\to\infty}(1+x)^{\frac{1}{x}}=e$

    C. $\lim\limits_{x\to0}(1+x)^{-\frac{1}{x}}=e$ D. $\lim\limits_{x\to0}(1+x)^{\frac{1}{x}}=e$

二、填空题

1. 极限 $\lim\limits_{x\to0}\dfrac{\sin 2x}{\sin 3x}=$ _____.

2. 极限 $\lim\limits_{x\to1}\dfrac{\sin(x^{3}-1)}{x-1}=$ _____.

3. 极限 $\lim\limits_{x\to\infty}\left(1-\dfrac{2}{x}\right)^{x+1}=$ _____.

4. 若极限 $\lim\limits_{x\to\infty}\left(1+\dfrac{k}{x}\right)^{2x}=e$,则 $k=$ _____.

三、解答题

1. $\lim\limits_{x\to0}\dfrac{1-\cos2x}{x\sin x}$

2. $\lim\limits_{x\to\infty}\left(\dfrac{x+a}{x-a}\right)^x$

3. $\lim\limits_{x\to\infty}\left(1-\dfrac{1}{x^2}\right)^x$

4. $\lim\limits_{x\to0}x\cot x$

四、选做题

求极限 $\lim\limits_{x\to+\infty}(3^x+9^x)^{\frac{1}{x}}$.

§1.5 练习题

一、判断题(正确的打"√",错误的打"×")

1. 两个无穷小总可以比较其阶的高低. 　　　　　　　　　　　　　　　　　　(　　)

2. $\lim\limits_{x\to0}\dfrac{1-\cos x}{\tan x}=\lim\limits_{x\to0}\dfrac{\dfrac{x}{\sqrt{2}}}{x}=\dfrac{1}{\sqrt{2}}$. 　　　　　　　　　　　　(　　)

3. $\lim\limits_{x\to\pi}\dfrac{\tan x}{\sin x}=\lim\limits_{x\to\pi}\left(\dfrac{\tan x}{x}\cdot\dfrac{x}{\sin x}\right)=\lim\limits_{x\to\pi}\dfrac{\tan x}{x}\cdot\dfrac{x}{\sin x}=1$. 　　(　　)

二、填空题

1. 当 $x\to0$ 时,$x^2-\sin x$ 对于 x 是_____阶无穷小.

2. 当 $x\to0$ 时,无穷小 $1-\cos x$ 与 mx^n 为等价,则 $m=$_____,$n=$_____.

3. $\lim\limits_{x\to0}\dfrac{\tan3x}{\sin2x}=$_____.

4. $\lim\limits_{x \to 0} \dfrac{\ln(1+2x)}{x} = $ _____.

5. $\lim\limits_{n \to \infty} 2^n \cdot \sin \dfrac{x}{2^n} = $ _____.

三、计算题

1. $\lim\limits_{x \to 0} \dfrac{1-\cos 2x}{x \sin x}$

2. $\lim\limits_{x \to 0} \dfrac{\sin \alpha x - \sin \beta x}{x}$

3. $\lim\limits_{\alpha \to \beta} \dfrac{e^\alpha - e^\beta}{\alpha - \beta}$

4. $\lim\limits_{x \to 0} \dfrac{\sqrt{1+x^2}-1}{\sin(4x^2)}$

四、选做题

证明：当 $x \to 0$ 时，$(\sqrt{1+x} - \sqrt{1-x}) \sim \sin x$.

§1.6 练习题

一、选择题

1. 函数 $f(x) = \begin{cases} -1, & x < 0; \\ 1, & x \geqslant 0, \end{cases}$ 在 $x=0$ 处　　　　　　　（　　）

　　A. 连续　　　　　　　　　　　　B. 左连续

　　C. 右连续　　　　　　　　　　　D. 既非左连续又非右连续

2. 设函数 $f(x) = \ln(9-x^2)$，则 $f(x)$ 的连续区间是　　　　　　（　　）

　　A. $(-\infty, -3)$　　　　　　　　B. $(3, +\infty)$

　　C. $[-3, 3]$　　　　　　　　　　D. $(-3, 3)$

3. 设 $f(x)=\dfrac{\sin ax}{x}(x\neq 0)$ 在 $x=0$ 处连续,且 $f(0)=-\dfrac{1}{2}$,则 $a=$ (   )

    A. 2   B. -2 C. $-\dfrac{1}{2}$ D. $\dfrac{1}{2}$

4. 函数 $f(x)=\dfrac{\sin x}{x}+\dfrac{e^{\frac{1}{2x}}}{1-x}$ 的间断点个数为   (   )

    A. 0   B. 1   C. 2   D. 3

二、填空题

1. 求极限 $\lim\limits_{x\to\frac{\pi}{2}}\dfrac{\sin x}{x}=$ _____ ; $\lim\limits_{x\to 0}\dfrac{\sqrt{x+1}-1}{x}=$ _____ .

2. 函数 $f(x)=\begin{cases}2x, & 0\leqslant x<1;\\ 3-x,& 1<x\leqslant 2,\end{cases}$ 的连续区间是 _____ .

3. 设 $f(x)=\begin{cases}e^x, & x\leqslant 0;\\ a+x,& x>0,\end{cases}$ 在 $x=0$ 处连续,则 $a=$ _____ .

4. 方程 $(x-1)(x-2)+(x-2)(x-3)+(x-1)(x-3)=0$ 的实根在区间 _____ 内.

三、解答题

1. 设函数 $f(x)=\begin{cases}x+2, & x\leqslant 0;\\ x^2+a,& 0<x<1;\\ bx, & x\geqslant 1,\end{cases}$ 在 $(-\infty,+\infty)$ 内连续,求 a,b 的值.

2. 设 $f(x)=\begin{cases}x\cdot\sin\dfrac{1}{x}+1, & -\infty<x<0;\\ e^x, & 0\leqslant x<1;\\ \dfrac{e}{x-2}, & 1\leqslant x<+\infty,\end{cases}$ 求:

(1) $f(x)$ 的间断点并判断间断点类型;(2) $f(x)$ 的连续区间.

3. 证明：方程 $x^3+3=3x^2+x$ 至少有一个小于 2 的正根.

4. 设 $f(x)$ 在 $[0,1]$ 上连续，且 $0 \leqslant f(x) \leqslant 1$，证明：至少存在一点 $\xi \in [0,1]$，使得 $f(\xi)=\xi$.

四、选做题

1. 设 $y=f(t)=\dfrac{t+|t|}{2}$，$t \in (-\infty, +\infty)$，$t=\varphi(x)=\begin{cases} x, & x<0; \\ x^2, & x \geqslant 0, \end{cases}$ 讨论 $y=f[\varphi(x)]$ 的连续性.

2. 设 $f(x)=\lim\limits_{n \to \infty} \dfrac{x^n}{1+x^n}(x \geqslant 0)$，讨论 $f(x)$ 的连续性.

第一章自测题

一、选择题(每小题 2 分,共 16 分)

1. 函数 $f(x)=\dfrac{1}{\ln(x-1)}$ 的定义域为　　　　　　　　　　　　(　　)

   A. $(1,+\infty)$ B. $(1,2)\bigcup(2,+\infty)$

   C. $(2,+\infty)$ D. $(1,2)$

2. 当 $n\to\infty$ 时,下列数列 x_n 中极限存在的是　　　　　　　　　(　　)

   A. $(-1)^n\cdot n$ B. $(-1)^n\cdot\dfrac{n}{n+1}$

   C. $(-1)^n\cdot\sin\dfrac{1}{n}$ D. $[(-1)^n+1]\cdot n$

3. $\lim\limits_{x\to0}\dfrac{e^{-x^2}-1}{\sin^2 x}=$ 　　　　　　　　　　　　　　　　　(　　)

   A. 0   B. 1   C. ∞ D. -1

4. 设函数 $f(x)=\begin{cases}2x, & x<0;\\ x^2+1, & x\geqslant0,\end{cases}$ 则极限 $\lim\limits_{x\to0}f(x)$ 为 (　　)

   A. 0   B. 1   C. 2   D. 不存在

5. 若 $\lim\limits_{x\to x_0}f(x)=\infty,\lim\limits_{x\to x_0}g(x)=\infty$,则下列极限中正确的是 (　　)

   A. $\lim\limits_{x\to x_0}[f(x)+g(x)]=\infty$ B. $\lim\limits_{x\to x_0}[f(x)-g(x)]=0$

   C. $\lim\limits_{x\to x_0}\dfrac{1}{f(x)+g(x)}=0$ D. $\lim\limits_{x\to x_0}k\cdot f(x)=\infty(k\neq0)$

6. 当 $x\to0$ 时,与 $\sqrt{1+x}-\sqrt{1-x}$ 等价的无穷小量是 (　　)

   A. $\sin x$ B. x^2

   C. $\sin 2x$ D. $2x^2$

7. "函数 $f(x)$ 在点 x_0 连续"是"极限 $\lim\limits_{x\to x_0}f(x)$ 存在"的 (　　)

   A. 充分条件   B. 必要条件

   C. 充要条件   D. 无关条件

8. "函数 $f(x)$ 在闭区间 $[a,b]$ 上连续"是 $f(x)$ 在 $[a,b]$ 上存在最大值、最小值的 (　　)

   A. 充分条件   B. 必要条件

   C. 充要条件   D. 无关条件

二、填空题(每空 2 分,共 22 分)

1. 已知 $f(x)=\dfrac{x}{1-x}$,则 $f[f(x)]=$ _____.

2. 设 $f(x)=x\cdot\sin\dfrac{1}{x},g(x)=\dfrac{\sin x}{x}$,求: $\lim\limits_{x\to0}f(x)=$ _____; $\lim\limits_{x\to\infty}f(x)=$ _____;

$\lim\limits_{x\to0}g(x)=$ _____; $\lim\limits_{x\to\infty}g(x)=$ _____.

3. 若 $\lim\limits_{x\to0}\dfrac{\tan kx}{x}=3$,则 $k=$ _____.

4. 设函数 $f(x) = \begin{cases} x+a, & x>0; \\ c, & x=0; \\ b-x, & x<0, \end{cases}$ 如果极限 $\lim\limits_{x \to 0} f(x)$ 存在,则一定有 _____.

5. 函数 $f(x) = \begin{cases} \dfrac{x^2-2x-3}{x+1}, & x<-1; \\ x+a, & x \geq -1, \end{cases}$ 在 $x=-1$ 处连续,则 $a=$ _____.

6. $\lim\limits_{x \to \infty} \left(1 - \dfrac{2}{x}\right)^x =$ _____.

7. 设 $x \to 0$ 时,x^n 与 $1-\cos x$ 是同阶无穷小量,则 $n=$ _____.

8. $\lim\limits_{n \to \infty} \dfrac{(2n+1)^5 \cdot (3n-5)^4}{(2n+1)^9} =$ _____.

三、解答题(第 1 小题 6 分,其余每小题 8 分,共 62 分)

1. 已知函数 $f(x)$ 的定义域为 $[0,1]$,求函数 $g(x) = f\left(x - \dfrac{1}{4}\right) + f\left(x + \dfrac{1}{4}\right)$ 的定义域.

2. 已知 $f(x) = \begin{cases} x^2+4, & x \geq 0; \\ x^3, & x<0, \end{cases}$ 求 $f(-x)$.

3. 求极限 $\lim\limits_{x \to \infty} \dfrac{\sin x \cdot \cos \dfrac{1}{x}}{x}$.

4. 已知极限 $\lim\limits_{x \to \infty} \dfrac{(1+a)x^3 + bx^2 + 1}{x^2 + 1} = 5$，求常数 a, b.

5. 求极限 $\lim\limits_{x \to 1} x^{\frac{1}{1-x}}$.

6. 当 a, b 为何值时，函数 $f(x) = \begin{cases} \dfrac{\sin x}{x}, & x < 0; \\ a - 1, & x = 0; \\ x^2 + b, & x > 0, \end{cases}$ 在 **R** 上连续.

7. 求 $f(x) = \dfrac{1}{1 - e^{\frac{x}{1-x}}}$ 的连续区间和间断点，并判别其类型.

8. 若 $f(x)$ 在 $[a,b]$ 上连续，且 $f(a)<a$，$f(b)>b$，证明：在 (a,b) 内至少有一点 c，使得 $f(c)=c$.

第二章　导数与微分

内容提要

1. 理解导数的概念及导数的几何意义,会求曲线在给定点处的切线与法线方程,知道可导与连续的关系.

2. 熟练掌握导数的运算法则和基本求导公式,并能熟练求初等函数的导数.

3. 掌握复合函数、隐函数、参数式函数的求导方法.

4. 理解高阶导数的定义,会求二阶导数.

5. 理解微分的概念和几何意义,掌握微分的运算法则与微分公式.

重点、难点

1. 导数的概念以及几何意义.

2. 求导法则的灵活使用.

3. 复合函数的求导方法.

4. 隐函数的求导方法.

5. 参数式函数求导方法及各类函数高阶导数的求法.

6. 微分的概念及应用.

典型例题分析

【例 2-1】 已知 $f'(3)=2$,求极限 $\lim\limits_{h \to 0} \dfrac{f(3-2h)-f(3)}{h}$.

分析:本题考查对导数定义 $f'(x_0)=\lim\limits_{\Delta x \to 0} \dfrac{f(x_0+\Delta x)-f(x_0)}{\Delta x}$ 的理解.

解:由 $f'(3)=2$ 得出 $\lim\limits_{\Delta x \to 0} \dfrac{f(3+\Delta x)-f(3)}{\Delta x}=2$.

题目所要求的增量不是 Δx 而是 $-2h$,所以可令 $\Delta x=-2h$,则有:

$$\lim_{-2h \to 0} \frac{f(3-2h)-f(3)}{-2h}=2.$$

又 $h \to 0$ 时,$-2h \to 0$,则有:

$$\lim_{h \to 0} \frac{f(3-2h)-f(3)}{h}=-2 \lim_{-2h \to 0} \frac{f(3-2h)-f(3)}{-2h}$$
$$=-2 \times 2=-4.$$

【例 2-2】 设 $f(x)=\begin{cases} \ln(1-x), & x<0; \\ 0, & x=0; \\ \sin x, & x>0, \end{cases}$ 问 $f(x)$ 在 $x=0$ 处是否可导?

分析：这是一个分段函数在分界点处求导的问题，主要考察导数及左、右导数的概念.

解：设 $\Delta x = h$，根据定义有：

$$f'_-(0) = \lim_{\Delta x \to 0^-} \frac{f(0+\Delta x) - f(0)}{\Delta x} = \lim_{h \to 0^-} \frac{f(h)}{h} = \lim_{h \to 0^-} \frac{\ln(1-h)}{h} = -1;$$

$$f'_+(0) = \lim_{\Delta x \to 0^+} \frac{f(0+\Delta x) - f(0)}{\Delta x} = \lim_{h \to 0^+} \frac{\sin h}{h} = 1.$$

因为 $f'_-(0) \neq f'_+(0)$，

所以　$f(x)$ 在 $x=0$ 处不可导.

【**例 2 - 3**】　求曲线 $y = \sin x$ 在点 $\left(\frac{\pi}{6}, \frac{1}{2}\right)$ 处的切线方程与法线方程.

解：$y = \sin x$ 的导数为

$$y' = \cos x.$$

经验证点 $\left(\frac{\pi}{6}, \frac{1}{2}\right)$ 在曲线 $y = \sin x$ 上，所以由导数的几何意义知，切线的斜率为

$$k = y' \Big|_{x=\frac{\pi}{6}} = \cos \frac{\pi}{6} = \frac{\sqrt{3}}{2}.$$

所以切线的方程为

$$y - \frac{1}{2} = \frac{\sqrt{3}}{2}\left(x - \frac{\pi}{6}\right);$$

法线方程为

$$y - \frac{1}{2} = -\frac{2\sqrt{3}}{3}\left(x - \frac{\pi}{6}\right).$$

分析：本题是对导数几何意义的考查，关键是掌握导数的几何意义；但有的问题要根据具体情况加以分析，例如点不在曲线上的情形：求曲线 $y = x^2$ 过点 $(2,3)$ 处的切线方程.

解：$y' = 2x$，而点 $(2,3)$ 不在曲线上，并不是切点，若代入 $y' = 2x$ 则形成错解，正确的解法是求得切点坐标，不妨设为 (x_0, x_0^2)，再由导数的几何意义知：

切线斜率 $k = 2x_0$，得切线方程：$y - x_0^2 = 2x_0(x - x_0)$

点 $(2,3)$ 在切线上，代入方程得：$3 - x_0^2 = 2x_0(2 - x_0)$

解得：$x_0 = 3, x_0 = 1$

所以过点 $(2,3)$ 的切线有两条，方程为

$$y - 9 = 6(x-3) \text{ 和 } y - 1 = 2(x-1).$$

【**例 2 - 4**】　求下列函数的导数.

(1) $f(x) = \sin x \cos x \ln x$　　　　(2) $f(x) = \dfrac{\cos x}{x \sin x}$

分析：求导法则中乘、除法则是区别于加、减法则的，使用时需要特别小心.

解：(1) $f'(x) = (\sin x)' \cos x \ln x + \sin x (\cos x)' \ln x + \sin x \cos x (\ln x)'$

$$= \cos x \cos x \ln x + \sin x (-\sin x) \ln x + \sin x \cos x \frac{1}{x}$$

$$= \cos^2 x \ln x - \sin^2 x \ln x + \sin x \cos x \frac{1}{x}$$

(2) $f'(x) = \dfrac{(\cos x)' x \sin x - \cos x (x \sin x)'}{(x \sin x)^2}$

$$= \frac{-x\sin^2 x - \cos x(\sin x + x\cos x)}{(x\sin x)^2}$$

$$= \frac{-x - \cos x \sin x}{(x\sin x)^2}$$

【例 2-5】 设函数 $f(x)$ 在 $x=0$ 处可导，又 $g(x)=\begin{cases} 0, & x=0; \\ x^2\sin\dfrac{1}{x}, & x\neq 0, \end{cases}$

求函数 $y=f[g(x)]$ 在 $x=0$ 处的导数.

分析：本题主要考察复合函数的链式求导法则.

解：对 $y\big|_{x=0}=f[g(x)]\big|_{x=0}$ 若导数存在，必有 $y'\big|_{x=0}=f'(0)g'(0)$.

$f(x)$ 在 $x=0$ 处可导，则 $f'(0)$ 存在；

$$g'(0)=\lim_{x\to 0}\frac{g(x)-g(0)}{x-0}=\lim_{x\to 0}\frac{x^2\sin\dfrac{1}{x}}{x}=0.$$

因为 $g'(0)=0$，$f'(0)$ 存在且 $g(0)=0$，

所以 $\dfrac{\mathrm{d}}{\mathrm{d}x}f[g(x)]\Big|_{x=0}=f'(0)g'(0)=0$.

【例 2-6】 求由方程 $xy+\sin y=x$ 确定的隐函数 $y=f(x)$ 的导数.

分析：隐函数求导的关键在于 y 是 x 的函数，涉及以 y 作为自变量的函数求导时，应按复合函数的求导法则. 如本题中，虽然不知道 f 的具体法则，但 $\sin y=\sin f(x)$ 就是关于 x 的复合函数.

解：方程两边同时对 x 求导：$(xy+\sin y)'=x'$，即

$$(xy)'+(\sin y)'=1,$$

于是 $$y+xy'+y'\cos y=1,$$

所以 $$y'=\frac{1-y}{x+\cos y}.$$

【例 2-7】 求函数 $y=(2x)^{\sin x}$ 的导数.

分析：幂指函数和多个因式乘除构成函数的求导是对数求导法的两个典型应用. 对数求导法的关键是先取对数，再利用隐函数的求导思想求导.

解：两边同时取自然对数：

$$\ln y=\ln(2x)^{\sin x}$$

得

$$\ln y=\sin x\ln 2x,$$

两边同时对 x 求导：

$$\frac{y'}{y}=\cos x\ln 2x+\sin x\left(\frac{1}{2x}\cdot 2\right),$$

求得 y 的导数：

$$y'=\left[\cos x\ln 2x+\sin x\left(\frac{1}{2x}\cdot 2\right)\right](2x)^{\sin x}.$$

【例 2-8】 设 $y=y(x)$ 是由参数方程 $\begin{cases} x=\ln\sqrt{1+t^2}; \\ y=\arctan t, \end{cases}$ 确定的函数，求 $\dfrac{\mathrm{d}^2 y}{\mathrm{d}x^2}$.

分析:本题考察参数式函数的高阶导数问题,参数式函数求导须注意 y 是对 x 求导的,尤其在求高阶导数时.

解:因为 $\dfrac{\mathrm{d}y}{\mathrm{d}x}=\dfrac{\dfrac{\mathrm{d}y}{\mathrm{d}t}}{\dfrac{\mathrm{d}x}{\mathrm{d}t}}=\dfrac{\dfrac{1}{1+t^2}}{\dfrac{1}{2}\dfrac{1}{1+t^2}2t}=\dfrac{1}{t}$,

所以 $\dfrac{\mathrm{d}^2y}{\mathrm{d}x^2}=\dfrac{\dfrac{\mathrm{d}\left(\dfrac{\mathrm{d}y}{\mathrm{d}x}\right)}{\mathrm{d}t}}{\dfrac{\mathrm{d}x}{\mathrm{d}t}}=\dfrac{-\dfrac{1}{t^2}}{\dfrac{t}{1+t^2}}=-\dfrac{1+t^2}{t^3}$.

【例 2-9】 设函数 $f(x)=\begin{cases}x^3\sin\dfrac{1}{x}, & x\neq0;\\ 0, & x=0,\end{cases}$ 证明:(1) $f(x)$ 在 $x=0$ 处可微;(2) $f'(x)$ 在 $x=0$ 处不可微.

证明:(1) 因为 $\lim\limits_{x\to0}\dfrac{f(x)-f(0)}{x-0}=\lim\limits_{x\to0}\dfrac{x^3\sin\dfrac{1}{x}}{x}=0$,

即 $f(x)$ 在 $x=0$ 处可导,且 $f'(0)=0$,

由可微与可导的关系知:$f(x)$ 在 $x=0$ 处可微.

(2) 当 $x\neq0$ 时,显然

$$f'(x)=(x^3\sin\dfrac{1}{x})'=3x^2\sin\dfrac{1}{x}-x\cos\dfrac{1}{x},$$

根据题意,有

$$f'(x)=\begin{cases}3x^2\sin\dfrac{1}{x}-x\cos\dfrac{1}{x}, & x\neq0;\\ 0, & x=0.\end{cases}$$

而

$$\lim\limits_{x\to0}\dfrac{f'(x)-f'(0)}{x-0}=\lim\limits_{x\to0}(3x^2\sin\dfrac{1}{x}-x\cos\dfrac{1}{x}),$$

此极限不存在,所以 $f'(x)$ 在 $x=0$ 处不可导.

因此 $f'(x)$ 在 $x=0$ 处不可微.

【例 2-10】 设 $\arcsin x+\arcsin y=1$ 确定函数 $y=y(x)$,求 $\mathrm{d}y$.

分析:本题考察微分的求法,一阶微分形式不变性.

解:由一阶微分形式不变性可得:

$$\mathrm{d}(\arcsin x)+\mathrm{d}(\arcsin y)=0,$$

即

$$\dfrac{1}{\sqrt{1-x^2}}\mathrm{d}x+\dfrac{1}{\sqrt{1-y^2}}\mathrm{d}y=0,$$

所以

$$\mathrm{d}y=-\dfrac{\sqrt{1-y^2}}{\sqrt{1-x^2}}\mathrm{d}x.$$

小结:本题也可以由隐函数的求导再推出微分,不过没有这种方法简便.

练习题

§2.1 练习题

一、选择题

1. 设函数 $f(x)$ 在 x_0 处可导，且 $f'(x_0)=2$，则 $\lim\limits_{h\to 0}\dfrac{f(x_0-h)-f(x_0)}{h}=$ 　　　（　　）

　　A. $\dfrac{1}{2}$　　　　　　　B. 2　　　　　　　C. $-\dfrac{1}{2}$　　　　　　　D. -2

2. 设 $f(x)=\arctan x$，$\lim\limits_{\Delta x\to 0}\dfrac{f(1+\Delta x)-f(1)}{\Delta x}=$ 　　　（　　）

　　A. 1　　　　　　　B. -1　　　　　　　C. $\dfrac{1}{2}$　　　　　　　D. $-\dfrac{1}{2}$

3. 设函数 $f(x)=\begin{cases}x^2+1, & -1<x\leqslant 0;\\ 1, & 0<x\leqslant 2,\end{cases}$ 则 $f(x)$ 在 $x=0$ 处 　　　（　　）

　　A. 可导　　　　　　　　　　　　　B. 连续但不可导

　　C. 不连续　　　　　　　　　　　　D. 无定义

4. 已知道物体的运动规律为 $s=t^3(\mathrm{m})$，问该物体在 $t=2(\mathrm{s})$ 时的速度为 　　　（　　）

　　A. 12　　　　　　　B. 10　　　　　　　C. 8　　　　　　　D. $3t^2$

5. $y=\mathrm{e}^x$ 在 $x=0$ 处的切线方程为 　　　（　　）

　　A. $x-y+1=0$　　　　　　　　　　B. $x+y+1=0$

　　C. $x+y-1=0$　　　　　　　　　　D. $x-y-1=0$

二、填空题

1. 设 $f(x)=\begin{cases}x^2, & x>0;\\ x, & x\leqslant 0,\end{cases}$ 问 $f'(0)=$ _____.

2. 若 $f'(x_0)$ 存在，问 $\lim\limits_{h\to 0}\dfrac{f(x_0+h)-f(x_0-h)}{h}=$ _____.

3. 设函数 $f(x)=\begin{cases}x^2, & x\leqslant 1;\\ ax+b, & x>1,\end{cases}$ 在 $x=1$ 处可导，则 $a=$ _____，$b=$ _____.

4. 曲线 $y=\sin x$ 在 $x=\dfrac{\pi}{4}$ 处的切线方程为 _____，法线方程为 _____.

5. 设 $f(x)$ 在 $x=1$ 处连续，且 $\lim\limits_{x\to 1}\dfrac{f(x)}{x-1}=2$，则 $f'(1)=$ _____.

三、解答题

1. 求下列函数的导数：

(1) $y=x^4$　　　　　　　　　　　　(2) $y=\sqrt[3]{x^2}$

（3）$y=\dfrac{x^2\sqrt[3]{x^2}}{\sqrt{x^3}}$

2. 利用导数的定义证明：$(\cos x)'=-\sin x$.

3. 在抛物线 $y=x^2$ 上取横坐标为 $x_1=1$ 及 $x_2=3$ 的两点，作过这两点的割线，问该抛物线上哪点的切线平行于这条割线？

四、选做题

已知曲线 $y=x^3-3a^2x+b$ 与 x 轴相切，问 b^2 与 a 之间是什么关系？

§2.2 练习题

一、选择题

1. 已知函数 $y=-\cos x$，则 $y'=$ 　　　　　　　　　　　　　　　（　　）

　　A. $\sin x$　　　　　　　B. $-\sin x$　　　　　　　C. $\cos x$　　　　　　　D. $-\cos x$

2. 已知函数 $y=\cot x+\csc x$，则 $y'=$ 　　　　　　　　　　　　（　　）

　　A. $\csc x(\csc x+\cot x)$　　　　　　　　　　B. $-\csc x(\csc x+\cot x)$

　　C. $-\csc x(\csc x-\cot x)$　　　　　　　　　D. $\csc x(\csc x-\cot x)$

3. 已知函数 $y=\ln x\arctan x$，则 $y'=$ 　　　　　　　　　　　　（　　）

　　A. $\dfrac{1}{x(1+x^2)}$　　　　　　　　　　　B. $-\dfrac{1}{x(1+x^2)}$

　　C. $\dfrac{\arctan x}{x}+\dfrac{\ln x}{1+x^2}$　　　　　　　D. $\dfrac{\arctan x}{x}-\dfrac{\ln x}{1+x^2}$

4. 已知函数 $y=\dfrac{x}{1+x^2}$，则 $y'=$ 　　　　　　　　　　　　（　　）

　　A. $\dfrac{1}{1+x^2}$　　　　　　B. $x\arctan x$　　　　C. $\dfrac{1-x^2}{1+x^2}$　　　D. $\dfrac{1-x^2}{(1+x^2)^2}$

5. 若函数 $y=x\tan x+\dfrac{x}{\ln x}$，则 $y'=$ 　　　　　　　　　（　　）

　　A. $\sec^2 x+\dfrac{1}{x}$　　　　　　　　　　B. $\sec^2 x-\dfrac{1}{x}$

　　C. $\tan x+x\sec^2 x+\dfrac{1}{\ln x}-\dfrac{1}{\ln^2 x}$　　D. $\tan x+\sec^2 x+\dfrac{1}{\ln x}+\dfrac{1}{\ln^2 x}$

二、填空题

1. 设 $y=\dfrac{\cos x}{1-x^2}$，则 $\dfrac{\mathrm{d}y}{\mathrm{d}x}=$ _____．

2. 设 $y=f(x)\cdot\sin x$，其中 $f(x)$ 可导，则 $\dfrac{\mathrm{d}y}{\mathrm{d}x}=$ _____．

3. 设 $y=x^3+3^x$，则 $\dfrac{\mathrm{d}y}{\mathrm{d}x}=$ _____．

4. 设 $f(x)=(x-1)(x-2)(x-3)(x-4)$，则 $f'(4)=$ _____．

5. 曲线 $y=ax^2+b$ 上点 $(1,2)$ 处的切线斜率为 1，则 $a=$ _____，$b=$ _____．

三、解答题

1. 设 $f(x)=\begin{cases}\dfrac{1}{x}\sin x-1,&x<0;\\ x+1,&x\geqslant 0,\end{cases}$ 求 $f'(x)$．

2. 设 $y = f[f(x)]$，其中 $f(x) = 1 - x^2$，求 $\dfrac{\mathrm{d}y}{\mathrm{d}x}\Big|_{x=1}$.

3. 设 $f(x) = \dfrac{1}{1 - \sin x}$，求 $f'(0)$.

4. 求下列函数的导数：

(1) $y = \sqrt{x\sqrt{x\sqrt{x}}}$

(2) $y = 5x^3 - 2^x + 3\mathrm{e}^x$

(3) $y = x^2 \ln x$

(4) $y = x^2 \ln x \cos x$

(5) $S = \dfrac{1 + \sin t}{1 + \cos t}$

四、选做题

设 $f\left(\dfrac{1}{x}\right) = x^2 + \dfrac{1}{x} + 1$，求 $f'(1)$.

§2.3 练习题

一、选择题

1. 若 $f(x) = \sin x, g(x) = \sin 2x$，则 $f[g(x)] =$　　　　　　　（　　）

    A. $(\sin 2x)^{\sin x}$ B. $(\sin x)^{\sin 2x}$

    C. $\sin(\sin 2x)$ D. $\sin(2\sin x)$

2. 若 $f(x) = \tan 2x$，则 $f'(x) =$　　　　　　　　　　　　　　（　　）

    A. $(\sec 2x)^2$ B. $2(\sec 2x)^2$

    C. $2(\sec x)^2$ D. $-2(\sec x)^2$

3. 若 $f(x) = x \operatorname{arccot} 2x$，则 $f'(x) =$　　　　　　　　　　（　　）

    A. $\dfrac{2}{1 + x^2}$ B. $-\dfrac{2}{1 + x^2}$

    C. $\operatorname{arccot} x - \dfrac{2x}{1 + 4x^2}$ D. $\operatorname{arccot} x + \dfrac{2x}{1 + 4x^2}$

4. 若 $f(x) = e^{\sin 2x}$，则 $f'(x) =$　　　　　　　　　　　　　（　　）

    A. $e^{\sin 2x} \cos 2x$ B. $-e^{\sin 2x} \cos 2x$

    C. $-2e^{\sin 2x} \cos 2x$ D. $2e^{\sin 2x} \cos 2x$

5. 设 $f(x) = e^{\sin x}$，则 $\lim\limits_{\Delta x \to 0} \dfrac{f(\pi + \Delta x) - f(\pi)}{\Delta x} =$　　　（　　）

    A. 0 B. 1

    C. -1 D. 不存在

二、填空题

1. 设 $f(x)=2^x, g(x)=x^2$，则 $f'[g'(x)]=$ _____.

2. 设 $y=\sin(e^{\frac{1}{x}})$，则 $\dfrac{dy}{dx}=$ _____.

3. 函数 $f(x)$ 为可导函数，$y=\sin\{f[\sin f(x)]\}$，则 $\dfrac{dy}{dx}=$ _____.

4. 设 $f(x)=\cos(e^{-x})$，则 $f'(1)=$ _____.

5. 设 $f(x)=e^x, g(x)=\sin x$，且 $y=f[g'(x)]$，则 $\dfrac{dy}{dx}=$ _____.

三、解答题

1. 求下列函数的导数：

(1) $y=\ln\sin(e^{3x})$ (2) $y=\ln^2(\ln^3 x)$

2. 设 $F(u)$ 可导，求下列导数：

(1) $f(x)=F(\sin x)+F(\cos x)$ (2) $f(x)=F(\ln x)$

(3) $\ln F(x^2)$

3. 设 $y=f(e^x)\cdot e^{f(x)}$，其中 $f'(x)$ 存在，求 y'.

四、选做题

已知 $\dfrac{\mathrm{d}}{\mathrm{d}x}f(x^2)=\dfrac{1}{x}$，求 $f'(x)$.

§2.4 练习题

一、选择题

1. 设 $x^2y+2y^3=1$ 确定函数 $y=y(x)$，则 $y'=$ 　　　　　　（　　）

　　A. $\dfrac{1}{2x+6y^2}$ 　　　　　　　　　B. $\dfrac{1}{2xy+6y^2}$

　　C. $\dfrac{2xy}{x^2+6y^2}$ 　　　　　　　　D. $-\dfrac{2xy}{x^2+6y^2}$

2. 曲线 $y=x^x$ 在点 $(1,1)$ 处的法线方程为 　　　　　　（　　）

　　A. $x+y-2=0$ 　　　　　　　　　B. $x+y+2=0$

　　C. $x+y=0$ 　　　　　　　　　　D. $x-y=0$

3. 设方程 $\sin x+y+xy=2$ 确定函数 $x=x(y)$，则 $\dfrac{\mathrm{d}x}{\mathrm{d}y}=$ 　　（　　）

　　A. $\dfrac{1+x}{\cos x+y}$ 　　　　　　　　B. $-\dfrac{1+x}{\cos x+y}$

　　C. $-\dfrac{\cos x+y}{1+x}$ 　　　　　　　　D. $\dfrac{\cos x+y}{1+x}$

二、填空题

1. 曲线 $x^2-xy+y^2=5$ 在点 $(0,\sqrt{5})$ 处的切线方程为 _____.

2. 求 $y^5+2y-x-3x^7=0$ 所确定的隐函数 $y=y(x)$ 在 $x=0$ 处的导数 $\dfrac{\mathrm{d}y}{\mathrm{d}x}\Big|_{x=0}=$

_____.

3. 已知 $f(\ln x+1)=\mathrm{e}^x+3x$，则 $\dfrac{\mathrm{d}f(x)}{\mathrm{d}x}=$ _____.

4. 已知 $y=x-\ln y$，则 $y'=$ _____.

5. 已知由方程 $x^2+y^2=\mathrm{e}$ 确定函数 $y=y(x)$，则 $\dfrac{\mathrm{d}x}{\mathrm{d}y}=$ _____.

三、解答题

1. 求由下列方程所确定的隐函数 $y=y(x)$ 的导数 $\dfrac{\mathrm{d}y}{\mathrm{d}x}$：

(1) $y^2 - 2xy + 9 = 0$ (2) $x^3 + y^3 - 3axy = 0$

(3) $y = 1 + xe^y$

2. 用对数求导法求下列函数的导数：

(1) $y = \sqrt[5]{\dfrac{x^2}{(1+x^2)^3}}$ (2) $y = \sin x + x^{\sqrt{x}}$

四、选做题

设函数 $y = y(x)$ 由方程 $xy - \ln y = 1$ 所确定，证明：y 满足方程

$$y^2 + (xy - 1)\frac{\mathrm{d}y}{\mathrm{d}x} = 0.$$

§2.5 练习题

一、选择题

1. 已知 $\begin{cases} x=\sin t; \\ y=\sin 2t, \end{cases}$ 确定函数 $y=f(x)$，则 $f'(\pi)=$ （　　）

    A. 0   B. 1   C. -1 D. -2

2. 已知 $\begin{cases} x=3t; \\ y=\sin 2t, \end{cases}$ 则 $\dfrac{dy}{dx}=$ （　　）

    A. $\dfrac{2\cos t}{3}$ B. $-\dfrac{2\cos t}{3}$ C. $-\dfrac{2\cos 2t}{3}$ D. $\dfrac{2\cos 2t}{3}$

3. 已知 $\begin{cases} x=\cos t; \\ y=1+\sin(t), \end{cases}$ 则 $\dfrac{dx}{dy}=$ （　　）

    A. $\tan t$ B. $-\tan t$ C. $-\cot t$ D. $\cot t$

4. 已知函数 $y=f(x)$ 由 $\begin{cases} x=\ln t; \\ y=\dfrac{1}{1+t}, \end{cases}$ 确定，则 $\dfrac{dy}{dx}\Big|_{t=1}=$ （　　）

    A. $\dfrac{1}{2}$ B. $-\dfrac{1}{2}$ C. $-\dfrac{1}{4}$ D. $\dfrac{1}{4}$

二、填空题

1. 已知 $\begin{cases} x=at^2; \\ y=bt^3, \end{cases}$ 则 $\dfrac{dy}{dx}=$ _____.

2. 已知 $\begin{cases} x=e^t\sin t; \\ y=e^t\cos t, \end{cases}$ 则 $\dfrac{dy}{dx}\Big|_{t=\frac{\pi}{3}}=$ _____.

3. 已知 $\begin{cases} x=\sin t; \\ y=\cos 2t, \end{cases}$ 则在 $t=\dfrac{\pi}{4}$ 处切线方程为 _____.

4. 已知 $\begin{cases} x=\sec t; \\ y=\tan t, \end{cases}$ 则 $\dfrac{dx}{dy}=$ _____.

三、解答题

求下列参数方程所确定的函数的导数 $\dfrac{dy}{dx}$：

1. $\begin{cases} x=a(1-\sin t) \\ y=b(1-\cos t) \end{cases}$ 2. $\begin{cases} x=t^2 \\ y=\dfrac{1}{1+t} \end{cases}$

3. $\begin{cases} x = f(t); \\ y = tf(t) - f(t), \end{cases}$ 设 $f'(t)$ 存在且不为 0.

四、选做题

设曲线参数方程为 $\begin{cases} x = \dfrac{3at}{1+t^2}; \\ y = \dfrac{3at^2}{1+t^2}, \end{cases}$ 求曲线在 $t=2$ 处的切线方程和法线方程.

§2.6 练习题

一、选择题

1. 设 $f(x) = x^2(x-1)(x-2)\cdots\cdots(x-100)$,则 $f''(0) =$ (   )

    A. -200 B. 0 C. 200 D. $2 \times 100!$

2. 设函数 $f(x) = e^{2x-1}$,则 $f(x)$ 在 $x=0$ 处的二阶导数 $f''(0) =$ (   )

    A. 0 B. e^{-1} C. $4e^{-1}$ D. e

3. 设 $y = \ln x$,则 $y'' =$ (   )

    A. $\dfrac{1}{x}$ B. $\dfrac{1}{x^2}$ C. $-\dfrac{1}{x^2}$ D. $-\dfrac{2}{x}$

4. 设 $f'(x) = \ln \cos x$,则 $f''(x) =$ (   )

    A. $\tan x$ B. $-\tan x$ C. $\cot x$ D. $-\cot x$

5. 设 $y = e^x + e^{-x}$,则 $y'' =$ (   )

    A. $e^x + e^{-x}$ B. $e^x - e^{-x}$ C. $-e^x - e^{-x}$ D. $-e^x + e^{-x}$

二、填空题

1. $y = xe^x$,则 $y''(0) =$ _____.

2. $y = e^{\cos x}$,则 $y'' =$ _____.

3. $y^{(n-2)} = a^x + x^a + a^a (a > 0, a \neq 1)$，则 $y^{(n)} = $ _____.

4. 设 $f(x)$ 二阶可导，则 $y = f(\ln x)$ 的二阶导数 $y'' = $ _____.

5. 设 $y = e^x \cos x$，则 $y^{(4)} = $ _____.

三、解答题

1. 求下列函数的二阶导数：

(1) $y = x \ln x$

(2) $y = x e^{-x}$

(3) $y = \ln(x + \sqrt{1 + x^2})$

2. 求下列参数方程所确定的函数的二阶导数 $\dfrac{d^2 y}{d x^2}$：

(1) $\begin{cases} x = \dfrac{t^2}{2} \\ y = 1 - t \end{cases}$

(2) $\begin{cases} x = 3 e^{-t} \\ y = 2 e^t \end{cases}$

3. 求由下列方程所确定的隐函数 $y=y(x)$ 的二阶导数 $\dfrac{\mathrm{d}^2 y}{\mathrm{d}x^2}$:

(1) $b^2 x^2 + a^2 y^2 = a^2 b^2$　　　　　　　　(2) $x^2 - y^2 = 1$

四、选做题

试求函数 $y = x^2 \ln x$ 的 n 阶导数.

§2.7 练习题

一、选择题

1. 设 $y = x\mathrm{e}^x$,则 $\mathrm{d}y=$ 　　　　　　　　　　　　　　　　　　　（　　）

    A. $x\mathrm{e}^x \mathrm{d}x$ 　　　　　　　　　　B. $(1+x)\mathrm{e}^x \mathrm{d}x$

    C. $(1-x)\mathrm{e}^x \mathrm{d}x$ 　　　　　　　　D. $\mathrm{e}^x \mathrm{d}x$

2. 设 $y = \sin(x^2)$,则 $\mathrm{d}y=$ 　　　　　　　　　　　　　　　　　　　（　　）

    A. $-2x\sin(x^2)\mathrm{d}x$ 　　　　　　　　B. $2x\cos(x^2)\mathrm{d}x$

    C. $-2x\cos(x^2)\mathrm{d}x$ 　　　　　　　　D. $2x\sin(x^2)\mathrm{d}x$

3. 设方程 $xy^2 = 5$ 确定隐函数 $y=y(x)$,则 $\mathrm{d}y=$ 　　　　　　　　　　（　　）

    A. $-\dfrac{y}{2x}\mathrm{d}x$ 　　　　　　　　B. $\dfrac{y}{2x}\mathrm{d}x$

    C. $-\dfrac{y}{x}\mathrm{d}x$ 　　　　　　　　D. $\dfrac{y}{x}\mathrm{d}x$

4. 设 $f(x) = \begin{cases} a\cos x + b\sin x, & x<0; \\ \mathrm{e}^x - 1, & x \geqslant 0, \end{cases}$ 在 $x=0$ 处可微,则   (　　)

   A. $a=0, b=0$ B. $a=1, b=0$

   C. $a=1, b=1$ D. $a=0, b=1$

5. 若 $f(u)$ 可导,且 $y = f(\mathrm{e}^x)$,则   (　　)

   A. $\mathrm{d}y = f'(\mathrm{e}^x)\mathrm{d}x$ B. $\mathrm{d}y = f'(\mathrm{e}^x)\mathrm{d}\mathrm{e}^x$

   C. $\mathrm{d}y = [f(\mathrm{e}^x)]'\mathrm{d}\mathrm{e}^x$ D. $\mathrm{d}y = f'(\mathrm{e}^x)\mathrm{e}^x\mathrm{d}\mathrm{e}^x$

二、填空题

1. $y = \sin\dfrac{1}{x} + \cos\dfrac{1}{x}$,则 $\mathrm{d}y = $ _____.

2. $y = f(\mathrm{e}^x)$,$f'(x)$ 存在,则 $\mathrm{d}y = $ _____.

3. $xy = 1 + x\mathrm{e}^y$ 确定隐函数 $y = y(x)$,则 $\mathrm{d}y = $ _____.

4. 将适当的函数填入下面括号,使等式成立:

(1) $\mathrm{d}(\quad) = 2\mathrm{d}x$ (2) $\mathrm{d}(\quad) = \sin\omega x\,\mathrm{d}x$

(3) $\mathrm{d}(\quad) = \sec^2 3x\,\mathrm{d}x$ (4) $\mathrm{d}(\quad) = \dfrac{1}{\sqrt{x}}\mathrm{d}x$

三、解答题

1. 求下列函数的微分:

(1) $y = \mathrm{e}^{\cos 2x}$ (2) $y = (3x+2)^{-5}$

(3) $y = \ln(\cos \mathrm{e}^x)$

2. 求下列方程所确定的隐函数 $y = y(x)$ 的微分:

(1) $y = 1 + x\mathrm{e}^y$ (2) $\mathrm{e}^x + \mathrm{e}^y = xy$

四、选做题

已知单摆的振动周期 $T=2\pi\sqrt{\dfrac{l}{g}}$，其中 $g=980\ \text{cm/s}^2$，l 为摆长（单位为 cm），设原摆长为 20 cm，为了使周期 T 增大 0.05 s，摆长约需要加长多少？

第二章自测题

一、选择题(每小题 3 分,共 24 分)

1. 设函数 $f(x)$ 在 x_0 处可导,且 $f'(x_0)=2$,则 $\lim\limits_{h\to 0}\dfrac{f(x_0-5h)-f(x_0)}{h}=$ (   )

    A. $\dfrac{5}{2}$ B. 10   C. $-\dfrac{5}{2}$ D. -10

2. $y=e^x$ 在 $x=0$ 处的切线方程为   (   )

    A. $x-y+1=0$ B. $x+y+1=0$

    C. $x+y-1=0$ D. $x-y-1=0$

3. 设 $f(x)$ 在 $x=1$ 处连续,且 $\lim\limits_{x\to 1}\dfrac{f(x)}{x-1}=2$,则 $f'(1)=$ (   )

    A. 1   B. -1 C. 2   D. 0

4. 设可导函数 $f(x)$ 是奇函数,则 $f'(x)$ 是   (   )

    A. 偶函数   B. 奇函数

    C. 非奇非偶函数   D. 不确定

5. 设 $f(x+1)=af(x)$ 总成立,且 $f'(0)=b(a,b$ 为非 0 常数$)$,则 $f(x)$ 在 $x=1$ 处   (   )

    A. 不可导   B. 可导且 $f'(1)=a$

    C. 可导且 $f'(1)=b$ D. 可导且 $f'(1)=ab$

6. 设 $f(x)=\begin{cases}\dfrac{|x^2-1|}{x-1}, & x\neq 1;\\ 2, & x=1,\end{cases}$ 则 $f(x)$ 在 $x=1$ 处   (   )

    A. 不连续   B. 连续但不可导

    C. 可导但导数不连续   D. 可导且导数连续

7. 设 $f(x)$ 可导,且 $f'(x_0)=3$,则 $\Delta x\to 0$ 时,则 $f(x)$ 在 x_0 处的微分 $\mathrm{d}y$ 与 Δx 比较是   (   )

    A. 等价无穷小   B. 同阶无穷小

    C. 高阶无穷小   D. 低阶无穷小

8. 设 $F(x)=\begin{cases}\dfrac{f(x)}{x}, & x\neq 0;\\ f(0), & x=0,\end{cases}$ 其中 $f(x)$ 在 $x=0$ 处可导,且 $f'(0)\neq 0,f(0)=0$,则 $x=0$ 是 $F(x)$ 的   (   )

    A. 连续点   B. 第一类间断点

    C. 第二类间断点   D. 以上都不能确定

二、填空题(每小题 3 分,共 24 分)

1. 设 $y=x^3+3^x$,则 $\dfrac{\mathrm{d}y}{\mathrm{d}x}=$ _____.

2. 设 $f(x)=e^{\sin x}$,则 $\lim\limits_{\Delta x\to 0}\dfrac{f\left(\dfrac{\pi}{2}+\Delta x\right)-f\left(\dfrac{\pi}{2}\right)}{\Delta x}=$ _____.

3. 若 $f(u)$ 可导,且 $y=f(e^x)$,则 $dy=$ _____.

4. 设 $f'(x_0)=-1$,则 $\lim\limits_{x\to 0}\dfrac{x}{f(x_0-2x)-f(x_0-x)}=$ _____.

5. $f(x)=x(x+1)(x+2)(x+3)\cdots(x+n)$,则 $f'(0)=$ _____.

6. 设 $x+y=\tan y$,则 $dy=$ _____.

7. 设 $y=\ln\sin 2x$,则 $y''\left(\dfrac{\pi}{4}\right)=$ _____.

8. 曲线 $y=e^x-3\sin x+1$ 在点 $(0,2)$ 处的切线方程为 _____,法线方程为

_____.

三、解答题(每小题 7 分,共 42 分)

1. 已知 $y=(\tan x)^x$,求 $\dfrac{dy}{dx}$.

2. 两曲线 $y=x^2+ax+b$ 与 $y=-1+xy^3$ 相切于点 $(1,-1)$,求 a,b 的值.

3. 设 $y=\sin f(x^2)$ 且 f 有二阶导数,求 $\dfrac{d^2y}{dx^2}$.

4. 设 $\begin{cases} x=t-\ln(1+t); \\ y=t^3, \end{cases}$ 求 $\dfrac{\mathrm{d}y}{\mathrm{d}x}$.

5. 设 $y=\mathrm{e}^{\sin x}$,求 $y^{(3)}(0)$.

6. 设函数 $y=y(x)$ 由方程 $2^{xy}=x+y$ 所确定,求 $\mathrm{d}y$.

四、综合题(10 分)

设函数 $F(x)$ 在 $x=0$ 处可导,又 $F(0)=0$,求 $\lim\limits_{x\to 0}\dfrac{F(1-\cos x)}{\tan x^2}$.

第三章 中值定理与导数的应用

内容提要

1. 理解罗尔定理、拉格朗日中值定理以及它们的几何解释.
2. 掌握罗必达法则并能熟练运用.
3. 掌握函数的单调性及其判别法,会用函数的单调性证明不等式.
4. 理解函数极值的概念,会求函数的极值以及最大值和最小值,了解最值问题的应用.
5. 理解曲线凹凸与拐点的概念,掌握曲线凹凸性的判别法和拐点的求法,会求曲线的水平渐近线和垂直渐近线.
6. 会用微分法画函数的图像.

重点、难点

1. 罗尔定理、拉格朗日中值定理的条件和结论.
2. 运用罗必达法则求极限.
3. 函数的单调性、利用单调性证明不等式.
4. 函数极值的求法、最大值和最小值的求法.
5. 曲线凹凸性的判别法和拐点的求法,曲线的水平渐近线和垂直渐近线.
6. 函数图像的描绘.

典型例题分析

【例 3-1】 函数 $f(x) = \ln \sin x$ 在区间 $\left[\frac{\pi}{6}, \frac{5}{6}\pi\right]$ 上是否满足罗尔定理的条件? 若满足,试求定理中的数值 ξ.

解: 因为① $f(x)$ 是初等函数,在区间 $\left[\frac{\pi}{6}, \frac{5}{6}\pi\right]$ 上连续;

② $f'(x) = \dfrac{\cos x}{\sin x} = \cot x$ 在区间 $\left(\frac{\pi}{6}, \frac{5}{6}\pi\right)$ 内有定义,故 $f(x)$ 在区间 $\left(\frac{\pi}{6}, \frac{5}{6}\pi\right)$ 内可导;

③ $f\left(\dfrac{\pi}{6}\right) = f\left(\dfrac{5}{6}\pi\right) = \ln 0.5$.

所以 $f(x)$ 在区间 $\left[\frac{\pi}{6}, \frac{5}{6}\pi\right]$ 上满足罗尔定理的三个条件,故在区间 $\left(\frac{\pi}{6}, \frac{5}{6}\pi\right)$ 内至少存在一点 ξ,使得 $f'(\xi) = 0$,即 $f'(\xi) = \cot \xi = 0$,即 $\xi = \dfrac{\pi}{2}$.

【例 3-2】 验证函数 $f(x) = \sqrt{x}$ 在区间 $[1,4]$ 上满足拉格朗日中值定理的条件,并求出

ξ 的值.

解：因为函数 $f(x)=\sqrt{x}$ 在区间 $[0,+\infty)$ 内连续，故在闭区间 $[1,4]$ 上连续；其导数 $f'(x)=\dfrac{1}{2\sqrt{x}}$，故 $f'(x)$ 在区间 $(1,4)$ 内存在，于是，由 $f'(\xi)=\dfrac{f(4)-f(1)}{4-1}$，即 $\dfrac{1}{2\sqrt{\xi}}=\dfrac{\sqrt{4}-\sqrt{1}}{4-1}$，可解得 $\xi=\dfrac{9}{4}$，$\dfrac{9}{4}\in(1,4)$.

【例 3 - 3】　求下列极限：

(1) $\lim\limits_{x\to0}\dfrac{(x-\arctan x)\cdot\cos x}{\ln(1+x^3)}$ 　　　　　(2) $\lim\limits_{x\to+\infty}\dfrac{\ln(1+e^x)}{\sqrt{1+x^2}}$

(3) $\lim\limits_{x\to+\infty}x\cdot\left(\dfrac{\pi}{2}-\arctan x\right)$ 　　　(4) $\lim\limits_{x\to0}\left(\dfrac{1}{x}-\dfrac{1}{e^x-1}\right)$

(5) $\lim\limits_{x\to1}x^{\frac{1}{1-x}}$ 　　　　　　　　　　　(6) $\lim\limits_{x\to0^+}x^x$

(7) $\lim\limits_{x\to\infty}(1+x^2)^{\frac{1}{x}}$

解：(1) 这是 $\dfrac{0}{0}$ 型极限.

$$\lim\limits_{x\to0}\dfrac{(x-\arctan x)\cdot\cos x}{\ln(1+x^3)}=\lim\limits_{x\to0}\dfrac{x-\arctan x}{x^3}=\lim\limits_{x\to0}\dfrac{1-\dfrac{1}{1+x^2}}{3x^2}=\lim\limits_{x\to0}\dfrac{1+x^2-1}{3x^2(1+x^2)}=\dfrac{1}{3}.$$

(2) 这是 $\dfrac{\infty}{\infty}$ 型极限.

$$\lim\limits_{x\to+\infty}\dfrac{\ln(1+e^x)}{\sqrt{1+x^2}}=\lim\limits_{x\to+\infty}\dfrac{\dfrac{e^x}{1+e^x}}{\dfrac{x}{\sqrt{1+x^2}}}=\lim\limits_{x\to+\infty}\dfrac{\dfrac{1}{1+e^{-x}}}{\dfrac{1}{\sqrt{1+\dfrac{1}{x^2}}}}=1.$$

(3) 这是 $0\cdot\infty$ 型不定式，按如下转化为 $\dfrac{0}{0}$ 型.

$$\lim\limits_{x\to+\infty}x\cdot\left(\dfrac{\pi}{2}-\arctan x\right)=\lim\limits_{x\to+\infty}\dfrac{\dfrac{\pi}{2}-\arctan x}{\dfrac{1}{x}}(\dfrac{0}{0}\text{型})=\lim\limits_{x\to+\infty}\dfrac{-\dfrac{1}{1+x^2}}{-\dfrac{1}{x^2}}=\lim\limits_{x\to+\infty}\dfrac{x^2}{1+x^2}=1.$$

(4) 这是 $\infty-\infty$ 型不定式，可转化为 $\dfrac{0}{0}$ 型.

$$\lim\limits_{x\to0}\left(\dfrac{1}{x}-\dfrac{1}{e^x-1}\right)=\lim\limits_{x\to0}\dfrac{e^x-1-x}{x\cdot(e^x-1)}=\lim\limits_{x\to0}\dfrac{e^x-1}{e^x-1+xe^x}=\lim\limits_{x\to0}\dfrac{e^x}{xe^x+2e^x}=\dfrac{1}{2}.$$

(5) 这是 1^∞ 型不定式，可以通过取对数的方法将其转化为指数函数的极限.

设 $y=x^{\frac{1}{1-x}}$，两边取对数得：$\ln y=\dfrac{1}{1-x}\ln x$，则 $y=e^{\frac{1}{1-x}\ln x}$.

因此 $\lim\limits_{x\to1}x^{\frac{1}{1-x}}=\lim\limits_{x\to1}e^{\frac{1}{1-x}\ln x}=e^{\lim\limits_{x\to1}\left(\frac{1}{1-x}\ln x\right)}$，而 $\lim\limits_{x\to1}\dfrac{\ln x}{1-x}=\lim\limits_{x\to1}\dfrac{\dfrac{1}{x}}{-1}=-1.$

所以，原式 $=e^{-1}$.

（6）这是 0^0 型不定式.

由于 $x^x = \mathrm{e}^{x\ln x}$，且 $\lim\limits_{x\to 0^+} x\ln x = \lim\limits_{x\to 0^+} \dfrac{\ln x}{\dfrac{1}{x}}\left(\dfrac{\infty}{\infty}\text{型}\right) = \lim\limits_{x\to 0^+} \dfrac{\dfrac{1}{x}}{-\dfrac{1}{x^2}} = 0.$

所以 $\lim\limits_{x\to 0^+} x^x = \mathrm{e}^0 = 1.$

（7）这是 ∞^0 型不定式.

由于 $(1+x^2)^{\frac{1}{x}} = \mathrm{e}^{\frac{1}{x}\ln(1+x^2)}$，且 $\lim\limits_{x\to\infty}\dfrac{1}{x}\ln(1+x^2) = \lim\limits_{x\to\infty}\dfrac{\ln(1+x^2)}{x}\left(\dfrac{\infty}{\infty}\text{型}\right) = \lim\limits_{x\to\infty}\dfrac{\dfrac{2x}{1+x^2}}{1} = 0.$

所以 $\lim\limits_{x\to\infty}(1+x^2)^{\frac{1}{x}} = \mathrm{e}^0 = 1.$

【例 3-4】 证明当 $x>0$ 时，$\ln(1+x) > \dfrac{\arctan x}{1+x}.$

分析：如果将要证明的不等式看作是两个函数值来比较，可以考虑用函数的单调性证明.

证明：要让原不等式成立，只需要让 $(1+x)\ln(1+x) - \arctan x > 0$，

令 $f(x) = (1+x)\ln(1+x) - \arctan x$，则 $f(x)$ 在区间 $[0,+\infty)$ 内可导，$f(0) = 0$.

当 $x>0$ 时，$f'(x) = \ln(1+x) + 1 - \dfrac{1}{1+x^2} = \ln(1+x) + \dfrac{x^2}{1+x^2} > 0$，因此，此时 $f(x)$ 为单调增函数，故当 $x>0$ 时，$f(x) > f(0) = 0$，即 $(1+x)\ln(1+x) - \arctan x > 0$.

所以 $\ln(1+x) > \dfrac{\arctan x}{1+x}.$

【例 3-5】 求函数 $y = 3x^4 - 8x^3 + 6x^2 + 7$ 的单调区间、极值点和极值.

解：函数的定义域为 $(-\infty, +\infty)$，则

$$y' = 12x^3 - 24x^2 + 12x = 12x(x-1)^2.$$

令 $y' = 0$，得到驻点 $x=0, x=1$；把 $x=0, x=1$ 按从小到大的顺序插入到定义域 $(-\infty, +\infty)$ 中，列表判断一阶导数 $y' = f'(x)$ 的符号，利用函数极值的充分条件做出判断.

x	$(-\infty,0)$	0	$(0,1)$	1	$(1,+\infty)$
y'	$-$	0	$+$	0	$+$
y	递减	极小值 7	递增	无极值	递增

可见函数 $y = 3x^4 - 8x^3 + 6x^2 + 7$ 的单调增区间为 $(0, +\infty)$，单调减区间为 $(-\infty, 0)$，极小值点为 $(0,7)$，极小值 $f(0) = 7$.

【例 3-6】 一商店按批发价每件 6 元买进一批商品零售，若零售价每件定为 7 元，估计可卖出 100 件. 若每件售价每降价 0.1 元，则可多卖出 50 件，问商店应买进多少件，每件售价定为多少元时，才可获得最大利润？最大利润是多少？

解：设因降价可多卖出 Q 件，总利润为 W. 依题意，卖出的件数为 $100+Q$，每件降价为 $0.1 \times \dfrac{Q}{50}$ 元，因而每件零售价为 $P = \left(7 - \dfrac{0.1}{50}Q\right)$ 元/件，每件利润为 $\left[\left(7 - \dfrac{0.1}{50}Q\right) - 6\right]$ 元/件，于是，利润函数为每件利润与销售件数的乘积，即

$$W = W(Q) = \left(7 - \frac{0.1}{50}Q - 6\right)(100 + Q) = -0.002Q^2 + 0.8Q + 100.$$

由 $W'(Q) = -0.004Q + 0.8 = 0$，得 $Q = 200$，又 $W''(Q) = -0.004 < 0$，所以，当多卖出 $Q = 200$ 件时，利润最大；最大利润为

$$W(200) = -0.002 \times (200)^2 + 0.8 \times 200 + 100 = 180（元）.$$ 由此可知，商店进货件数为 $100 + 200 = 300$（件），每件销售价定为 $P = 7 - \frac{0.1}{50} \times 200 = 6.60$（元/件）时，可获最大利润，最大利润为 180 元.

【例 3-7】 已知函数 $y = \dfrac{x^3}{(x-1)^2}$，求：(1) 函数的单调区间及极值；(2) 函数图形的凹凸性及拐点；(3) 函数图形的水平与垂直渐近线.

解：函数的定义域为 $(-\infty,1) \bigcup (1,+\infty)$，则 $y' = \dfrac{x^2(x-3)}{(x-1)^3}$，$y'' = \dfrac{6x}{(x-1)^4}$.

令 $y' = 0$，得驻点 $x = 0, x = 3$；令 $y'' = 0$，得 $x = 0$，列表如下：

x	$(-\infty,0)$	0	$(0,1)$	$(1,3)$	3	$(3,+\infty)$
y'	+	0	+	−	0	+
y''	−	0	+	+	+	+
y	递增 凸	拐点$(0,0)$	递增 凹	递减 凹	极小值$\frac{27}{4}$	递增 凹

由此可知：

(1) 函数的单调增区间为 $(-\infty,1)$ 和 $(3,+\infty)$，单调减区间为 $(1,3)$，函数有极小值 $\dfrac{27}{4}$.

(2) 函数图像在区间 $(-\infty,0)$ 内是凸的，在区间 $(0,1)$、$(1,+\infty)$ 内是凹的，拐点为 $(0,0)$.

(3) 由于 $\lim\limits_{x \to 1}\dfrac{x^3}{(x-1)^2} = \infty$，所以直线 $x = 1$ 是函数图形的垂直渐近线，无水平渐近线.

【例 3-8】 作函数 $y = \dfrac{\ln x}{x}$ 的图像.

解：$y = \dfrac{\ln x}{x}$ 的定义域为 $(0,+\infty)$. 求 y 的一阶导数、二阶导数得：

$$y' = \frac{1 - \ln x}{x^2}, \quad y'' = \frac{-3 + 2\ln x}{x^3}.$$

令 $y' = 0$，得驻点 $x = e$. 令 $y'' = 0$，得 $x = e^{\frac{3}{2}}$.

用 $e, e^{\frac{3}{2}}$ 将定义域分成三个部分：$(0,e)$，$(e, e\sqrt{e})$，$(e\sqrt{e}, +\infty)$，列表考察：

x	$(0,e)$	e	$(e, e\sqrt{e})$	$e\sqrt{e}$	$(e\sqrt{e}, +\infty)$
y'	+	0	−	−	−
y''	−	−	−	0	+
y	递增 凸	极大值$\frac{1}{e}$	递减 凸	拐点 $\left(e^{\frac{3}{2}}, \frac{3}{2}e^{-\frac{3}{2}}\right)$	递减 凹

由 $\lim\limits_{x\to+\infty}\dfrac{\ln x}{x}=0$ 及 $\lim\limits_{x\to0^+}\dfrac{\ln x}{x}=\infty$,可知 $y=0$ 是水平渐近线,$x=0$ 是垂直渐近线.综上所述,可作曲线的图形(图略).

 练习题

§3.1 练习题

一、选择题

1. 下列函数中,在区间 $[-1,1]$ 上满足罗尔定理条件的是　　　　　　　　(　　)

   A. $y=\dfrac{1}{x}$ 　　　　　B. $y=|x|$ 　　　　　C. $y=1-x^2$ 　　　D. $y=x-1$

2. 下列函数中,在区间 $[1,e]$ 上满足拉格朗日中值定理条件的是　　　　(　　)

   A. $y=\ln(\ln x)$ 　　　B. $y=\ln x$ 　　　　C. $y=\dfrac{1}{\ln x}$ 　　　D. $y=\ln(2-x)$

3. 设函数 $f(x)$ 在 $[a,b]$ 上连续,在 (a,b) 内可导,则　　　　　　　　(　　)

   A. 至少存在一点 $\xi\in(a,b)$,使得 $f'(\xi)=0$

   B. 当 $\xi\in(a,b)$ 时,必有 $f'(\xi)=0$

   C. 当 $\xi\in(a,b)$ 时,必有 $\dfrac{f(a)-f(b)}{a-b}=f'(\xi)$

   D. 至少存在一点 $\xi\in(a,b)$,使得 $\dfrac{f(a)-f(b)}{a-b}=f'(\xi)$

4. 函数 $f(x)$ 在 $[a,b]$ 上连续,在 (a,b) 内可导,$a<x_1<x_2<b$,则不成立的是　(　　)

   A. $f(a)-f(b)=f'(\xi)(a-b),\xi\in(a,b)$

   B. $f(a)-f(b)=f'(\xi)(a-b),\xi\in(x_1,x_2)$

   C. $f(x_2)-f(x_1)=f'(\xi)(x_2-x_1),\xi\in(a,b)$

   D. $f(x_2)-f(x_1)=f'(\xi)(x_2-x_1),\xi\in(x_1,x_2)$

5. 设函数 $f(x)$ 在 $[a,b]$ 上连续,在 (a,b) 内可导,$f(a)=f(b)$,则曲线 $y=f(x)$ 在 (a,b) 内平行于 x 轴的切线　　　　　　　　　　　　　　　　(　　)

   A. 仅有一条　　　　B. 至少有一条　　　C. 不一定存在　　　D. 不存在

二、填空题

1. 函数 $y=\sin x$ 在 $[0,2\pi]$ 上符合罗尔定理条件的是 $\xi=$＿＿＿＿＿＿.

2. 函数 $y=\ln(x+1)$ 在 $[0,1]$ 上满足拉格朗日中值定理条件的 $\xi=$＿＿＿＿＿＿.

3. 设 $f(x)=(x-1)(x-3)(x^2-4)$,则方程 $f'(x)=0$ 有＿＿＿＿＿个实根,且它们分别在＿＿＿＿＿区间内.

三、解答题

1. 验证拉格朗日中值定理对函数 $f(x)=3\sqrt{x}-4x$ 在区间 $[1,4]$ 上的正确性.

2. 不采用求 $f(x)=(x-1)(x-2)(x-3)(x-4)$ 的导数的方法,试说明 $f'(x)=0$ 有几个实根,并指出它们所在区间.

3. 当 $0<a<b$ 时,证明不等式 $\dfrac{b-a}{b}<\ln\dfrac{b}{a}<\dfrac{b-a}{a}$.

4. 设不恒为常数的函数 $f(x)$ 在区间 $[a,b]$ 上连续,在开区间 (a,b) 内可导,且 $f(a)=f(b)$,证明:在 (a,b) 内至少存在一点 ξ,使得 $f'(\xi)>0$.

四、选做题

已知函数 $f(x)$ 在 $[0,1]$ 上连续,在 $(0,1)$ 内可导,且 $f(0)=1,f(1)=0$,证明:在 $(0,1)$ 内至少存在一点 ξ,使 $f'(\xi)=-\dfrac{f(\xi)}{\xi}$.

§3.2 练习题

一、选择题

1. 设 $\lim\limits_{x \to x_0} \dfrac{f(x)}{F(x)}$ 为不定型，则 $\lim\limits_{x \to x_0} \dfrac{f'(x)}{F'(x)}$ 存在是 $\lim\limits_{x \to x_0} \dfrac{f(x)}{F(x)}$ 也存在的　　（　　）

  A. 必要条件　　　　　　　　　　B. 充分条件

  C. 充分必要条件　　　　　　　　D. 既不充分也不必要条件

2. 若 $f(x)$、$g(x)$ 可导，$\lim\limits_{x \to x_0} f(x) = \infty$，$\lim\limits_{x \to x_0} g(x) = \infty$，且 $\lim\limits_{x \to x_0} \dfrac{f(x)}{g(x)} = A$，则　　（　　）

  A. 必有 $\lim\limits_{x \to x_0} \dfrac{f'(x)}{g'(x)} = B$ 存在，且 $A = B$

  B. 必有 $\lim\limits_{x \to x_0} \dfrac{f'(x)}{g'(x)} = B$ 存在，且 $A \neq B$

  C. 如果 $\lim\limits_{x \to x_0} \dfrac{f'(x)}{g'(x)} = B$ 存在，则 $A = B$

  D. 如果 $\lim\limits_{x \to x_0} \dfrac{f'(x)}{g'(x)} = B$ 存在，不一定有 $A = B$

3. 下列极限能直接使用罗必达法则，且只用一次就能计算的是　　（　　）

  A. $\lim\limits_{x \to 0} \dfrac{x^2 - \sin \dfrac{1}{x}}{\sin x}$　　　　　　　　B. $\lim\limits_{x \to 0} \dfrac{2x}{3 \sin x}$

  C. $\lim\limits_{x \to 0} (1 - 3x)^{\frac{1}{2x}}$　　　　　　　　D. $\lim\limits_{x \to +\infty} \sec x \cdot \cot x$

二、填空题

1. $\lim\limits_{x \to 0} \dfrac{x^3}{x - \arctan x} = $ _____ .

2. $\lim\limits_{x \to 2^+} \dfrac{\ln(x - 2)}{\ln(e^x - e^2)} = $ _____ .

3. $\lim\limits_{x \to 0} \left[\dfrac{1}{x} - \dfrac{\ln(x + 1)}{x^2} \right] = $ _____ .

4. $\lim\limits_{x \to +\infty} x \cdot \left(\dfrac{\pi}{2} - \arctan x \right) = $ _____ .

三、计算题

1. $\lim\limits_{x \to 1} \dfrac{x - 1}{\ln x}$　　　　　　　　　　2. $\lim\limits_{x \to +\infty} \dfrac{x + 1}{e^{2x}}$

3. $\lim\limits_{x\to 0}\left(\dfrac{1}{x}-\dfrac{1}{\sin x}\right)$　　　　　　　4. $\lim\limits_{x\to 0}\left(\dfrac{\sin x}{x}\right)^{\frac{1}{x}}$

5. $\lim\limits_{x\to 0^+}(\tan x \cdot \ln x)$

四、选做题

1. 若$\lim\limits_{x\to \pi}f(x)$存在,且 $f(x)=\dfrac{\sin x}{x-\pi}+2\lim\limits_{x\to \pi}f(x)$,求$\lim\limits_{x\to \pi}f(x)$.

2. 设函数 $f(x)$ 在 $x=x_0$ 处具有二阶导数 $f''(x_0)$,试证:$\lim\limits_{h\to 0}\dfrac{f(x_0+h)-2f(x_0)+f(x_0-h)}{h^2}=f''(x_0)$.

§3.3 练习题

一、选择题

1. 设函数 $f(x)$ 在 $[0,1]$ 上连续,在 $(0,1)$ 可导,且 $f'(x)>0$,则 ( )

    A. $f(0)<0$ B. $f(1)>0$

    C. $f(1)>f(0)$ D. $f(1)<f(0)$

2. 设函数 $f(x)$ 在 $[0,1]$ 上可导,且 $f'(x)>0,f(0)<0,f(1)>0$,则 $f(x)$ 在 $(0,1)$ 内

                                                           ( )

    A. 至少有两个零点   B. 有且仅有一个零点

    C. 没有零点   D. 零点个数不能确定

3. 设函数 $f(x)$ 在区间 (a,b) 内可导,则在 (a,b) 内 $f'(x)>0$ 是 $f(x)>0$ 在 (a,b) 内单调增加的 ( )

    A. 必要条件,非充分条件   B. 充分条件,非必要条件

    C. 充分必要条件   D. 无关条件

4. 函数 $y=x-\ln(1+x)$ 的单调减区间是 ( )

    A. $(-1,+\infty)$ B. $(-1,0)$

    C. $(0,+\infty)$ D. $(-\infty,0)$

二、填空题

1. 函数 $y=\dfrac{e^x}{x^2}$ 的单调减区间为_____.

2. $y=x-\dfrac{3}{2}x^{\frac{2}{3}}$ 的单调增区间为_____.

三、解答题

1. 求下列函数的单调区间:

    (1) $y=\dfrac{x^2-1}{x}$ (2) $y=9x^3-\ln x$

2. 求下列函数在指定区间的单调性:

    (1) $f(x)=\dfrac{1}{x}\ln x$ 在区间 $(0,+\infty)$ 内

(2) $f(x) = x - e^x$ 在区间 $(0, +\infty)$ 内

3. 证明方程 $x^3 + x - 1 = 0$ 在区间 $(0, 1)$ 内有且只有一个实根.

4. 利用单调性证明下面的不等式:

(1) 当 $x > 0$ 时, $1 + \dfrac{x}{2} > \sqrt{1+x}$.

(2) 当 $x > 1$ 时, $e^x > ex$.

四、选做题

利用函数单调性证明: 当 $x > 0$ 时, $x > \ln(1+x) > x - \dfrac{x^2}{2}$.

§3.4 练习题

一、选择题

1. 函数 $f(x) = a\cos x - \dfrac{1}{2}\cos 2x$ 在 $x = \dfrac{\pi}{3}$ 处取得极值,则 $a =$ 　　（　　）

　　A. 0　　　　　　　B. $\dfrac{1}{2}$　　　　　　C. 1　　　　　　D. 2

2. 设 $f(x) = \dfrac{1}{3}x^3 - x$,则 $x = 1$ 为 $f(x)$ 在 $[-2, 2]$ 上的　　（　　）

　　A. 极小值点,但不是最小值点

　　B. 极小值点,也是最小值点

　　C. 极大值点,但不是最大值点

　　D. 极大值点,也是最大值点

3. 若 $f'(0) = 0$,且 $\lim\limits_{x \to 0} \dfrac{f'(x)}{x} = -1$,则 $f(0)$ 必为　　　　　（　　）

　　A. 极大值　　　　B. 极小值　　　　C. 非极值　　　D. 0

4. 设函数 $f(x)$ 具有连续的导数,$\lim\limits_{x \to 0} f'(x) = 1$,则 $f(0)$　　　　（　　）

　　A. 一定是 $f(x)$ 的极大值　　　　　B. 一定是 $f(x)$ 的极小值

　　C. 不一定是 $f(x)$ 的极值　　　　　D. 一定不是 $f(x)$ 的极值

5. 当 $x < x_0$ 时,$f'(x) > 0$;当 $x > x_0$ 时,$f'(x) < 0$,则　　　　（　　）

　　A. x_0 必定是 $f(x)$ 的驻点

　　B. x_0 必定是 $f(x)$ 的极大值点

　　C. x_0 必定是 $f(x)$ 的极小值点

　　D. 不能判断属于以上哪一种情况

二、填空题

1. 设函数 $f(x) = xe^x$,则 $f^{(n)}(x)$ 的极值点为_____.

2. 函数 $y = ax^2 + 2x + c$ 在 $x = 1$ 处取得极大值 2,则 $a = $_____,$c = $_____.

3. 函数 $f(x) = e^{-x}\ln ax$ 在 $x = \dfrac{1}{2}$ 处有极值,则 $a = $_____.

4. 函数 $f(x) = 3 - x - \dfrac{4}{(x+2)^2}$ 在区间 $[-1, 2]$ 上的最大值为_____,最小值为

_____.

三、解答题

1. 求函数 $f(x) = 2x^3 - x^4$ 的极值.

2. 设函数 $f(x)=x^3+3ax^2+3bx+c$,在 $x=1$ 处取得极大值,在 $x=2$ 处取得极小值,求 $f(1)-f(2)$.

3. 求函数 $f(x)=2-(x-1)^{\frac{2}{3}}$ 在 $[0,2]$ 上的最值.

4. 在由 x 轴、曲线 $y=x^2(0<x\leqslant 4)$ 和 $x=4$ 所围成的曲边三角形的曲边上求一点 M,使得曲线在该点处的切线与 x 轴和 $x=4$ 所围成的三角形的面积最大.

四、选做题

欲制作一个容积为 $500\ \mathrm{cm^3}$ 的圆柱形的铝罐,为使所用材料最省,铝罐的底面半径和高的尺寸应该是多少?

§3.5 和 §3.6 练习题

一、选择题

1. 曲线 $y = x\sin\dfrac{1}{x}$　　　　　　　　　　　　　　　（　　）

    A. 仅有水平渐近线

    B. 既有水平渐近线，又有垂直渐近线

    C. 仅有垂直渐近线

    D. 既无水平渐近线，又无垂直渐近线

2. 若函数 $f(x)$ 二阶可导，且 $f(x) = -f(-x)$；又当 $x \in (0, +\infty)$ 时，$f'(x) > 0$，$f''(x) > 0$，则在 $(-\infty, 0)$ 内曲线 $y = f(x)$　　　　　　　　（　　）

    A. 单调增加且凸的　　　　　　　　B. 单调减少且凸的

    C. 单调增加且凹的　　　　　　　　D. 单调减少且凹的

3. 下列曲线中既有水平渐近线，又有垂直渐近线的是　　　　　　（　　）

    A. $f(x) = \dfrac{x^3 + x}{\sin 2x}$　　　　　　　　B. $f(x) = \dfrac{x^2 + 3}{x - 1}$

    C. $f(x) = \ln\left(3 - \dfrac{e}{x}\right)$　　　　　　D. $f(x) = xe^{-x^2}$

4. 若点 $(1, 3)$ 是曲线 $y = ax^3 + bx^2$ 的拐点，则 a, b 的值分别是　　（　　）

    A. $\dfrac{9}{2}, -\dfrac{3}{2}$　　　　　　　　　　B. $-6, 9$

    C. $-\dfrac{3}{2}, \dfrac{9}{2}$　　　　　　　　　　D. $6, -9$

5. 设函数 $f(x)$ 的导数在 $x = a$ 处连续，且 $\lim\limits_{x \to a}\dfrac{f'(x)}{x - a} = -1$，则　　（　　）

    A. $x = a$ 是 $f(x)$ 的极小值点

    B. $x = a$ 是 $f(x)$ 的极大值点

    C. $(a, f(a))$ 是曲线 $y = f(x)$ 的拐点

    D. $x = a$ 不是 $f(x)$ 的极值点，也不是 $f(x)$ 的拐点

二、填空题

1. 曲线 $f(x) = \dfrac{\sin 2x}{x(2x + 1)}$ 的垂直渐近线为 _____.

2. 曲线 $y = \ln(1 + x^2)$ 的凹区间为 _____，拐点为 _____.

三、解答题

1. 求 $y = x\ln\left(1 + \dfrac{1}{x}\right)$ 的水平渐近线和垂直渐近线方程.

2. 求函数 $y=\dfrac{x}{1+x^2}$ 的单调区间、凹凸区间、极值并作出草图.

3. 作出 $y=x+\dfrac{1}{x}$ 的图像.

四、选做题

已知函数 $y=f(x)$ 的图形上有一个拐点 $(2,4)$，在拐点处的切线斜率为 -3，又知该函数的二阶导数为 $y''=6x+a$，求函数 $f(x)$ 的表达式.

第三章自测题

一、选择题(每小题 4 分,共 40 分)

1. 下列函数在给定区间上不满足拉格朗日中值定理条件的是 ( )

   A. $f(x)=\sin x+1,[0,1]$ B. $f(x)=x^2-1,[-1,1]$

   C. $f(x)=\dfrac{1}{x-1},[0,2]$ D. $f(x)=\ln x,[2,3]$

2. 函数 $f(x)=x-\dfrac{3}{2}x^2$ 极值点的个数有 ( )

   A. 1 个   B. 2 个   C. 3 个   D. 4 个

3. $\lim\limits_{x\to 0}\dfrac{e^x-\cos x}{\ln(e-x)+x-1}=$ ( )

   A. $\dfrac{1}{e-1}$ B. $-\dfrac{1}{e-1}$ C. $\dfrac{e}{e-1}$ D. $-\dfrac{e}{e-1}$

4. 函数 $y=x+\dfrac{4}{x}$ 的单调减少区间是 ( )

   A. $(-\infty,-2),(2,+\infty)$ B. $(-2,2)$

   C. $(-\infty,0),(0,+\infty)$ D. $(-2,0),(0,2)$

5. 设 $a<x<b,f'(x)<0,f''(x)>0$,则曲线 $f(x)$ 在区间 (a,b) 内沿 x 轴正向 ( )

   A. 下降且凹的   B. 下降且凸的

   C. 上升且凹的   D. 上升且凸的

6. 曲线 $y=x\sin\dfrac{1}{x}$ 的渐近线 ( )

   A. 仅有水平   B. 仅有垂直

   C. 既有水平又有垂直   D. 既无水平又无垂直

7. 直线 l 与 x 轴平行,且与曲线 $y=x-e^x$ 相切,则切点的坐标是 ( )

   A. $(1,1)$ B. $(-1,1)$

   C. $(0,-1)$ D. $(0,1)$

8. 以下结论正确的是 ( )

   A. 函数 $f(x)$ 的导数不存在的点,一定不是 $f(x)$ 的极值点

   B. 若 x_0 为函数 $f(x)$ 的驻点,则 x_0 必为 $f(x)$ 的极值点

   C. 若函数在点 $f(x)$ 处有极值,且 $f'(x_0)$ 存在,则必有 $f'(x_0)=0$

   D. 若函数 $f(x)$ 在点 x_0 处连续,则 $f'(x_0)$ 一定存在

9. 设函数 $f(x)=(x+1)^{\frac{2}{3}}$,则点 $x=-1$ 是 $f(x)$ 的 ( )

   A. 间断点   B. 可微点

   C. 驻点   D. 极值点

10. 曲线 $y=e^{-x^2}$ ( )

   A. 没有拐点   B. 有一个拐点

   C. 有两个拐点   D. 有三个拐点

二、填空题(每小题 4 分,共 20 分)

1. 函数 $y = 2^{x^2}$ 的单调增区间为_____.

2. 曲线 $y = \dfrac{x}{x^2+1} - 3$ 的水平渐近线方程为_____.

3. 函数 $y = (x-2)(x-4)(x^2-9)$,$y' = 0$ 有_____实根,分别在区间_____内.

4. 设 $x_1 = 1$、$x_2 = 2$ 均为函数 $y = a\ln x + bx^2 + 3x$ 的极值点,则 $a =$_____,$b =$_____.

5. $y = x + \sqrt{1-x}$ 在 $[-5,1]$ 的最大值为_____.

三、解答题(第 1 小题每题 5 分,第 2、3、4 小题每题 6 分,共 28 分)

1. 计算下列极限:

(1) $\lim\limits_{x \to 0} \dfrac{e^x - e^{-x} - 2x}{x - \sin x}$
　　　　　　　　(2) $\lim\limits_{x \to \frac{\pi}{2}} (\tan x)^{\cos x}$

2. 求曲线 $y = \dfrac{4(x-1)}{x^2} - 2$ 的水平渐近线、垂直渐近线.

3. 求函数 $y = x - \ln(1+x)$ 的单调区间、极值及其曲线的凹凸区间.

4. 求 $y = \dfrac{x}{1+x^2}$ 的单调区间、凹凸区间、极值并作出草图.

四、证明题（第 1 小题 5 分,第 2 小题 7 分,共 12 分）

1. 求证:当 $x \geqslant 0$ 时,$x \geqslant \arctan x$.

2. 求证:当 $x > 1$ 时,$e^x > \dfrac{1}{2} e x^2 + \dfrac{e}{2}$.

第四章 不定积分

内容提要

1. 理解原函数、不定积分的概念,了解不定积分和微分之间的内在联系以及两者在运算上的互逆关系.

2. 会用求导的方法验证不定积分的基本公式和法则,并在此基础上熟练掌握不定积分的基本公式和法则.

3. 不定积分的换元法是求不定积分的一种重要方法,熟练掌握第一类换元积分法;使用第一类换元积分的关键是"凑微分"的思想.

4. 熟练掌握分部积分法.

5. 了解积分表的使用.

重点、难点

1. 原函数的定义.

2. 不定积分的概念及性质.

3. 换元积分法与分部积分法的使用.

典型例题分析

【例 4-1】 验证下列各组函数是否为同一个函数的原函数:

(1) $\frac{1}{2}\cos^2 x$ 与 $\frac{1}{4}\cos 2x + 1$ (2) $\ln x$ 与 $\ln 2x$

(3) $\arctan x$ 与 $\arcsin \frac{x}{\sqrt{1+x^2}}$ (4) $-\arcsin(2x-1)$ 与 $2\arcsin\sqrt{1-x}$

分析: 根据原函数的定义,只需验证每一对函数的导数是否相同.

解: (1) $\left(\frac{1}{2}\cos^2 x\right)' = \frac{1}{2} \cdot 2\cos x \cdot (-\sin x) = -\sin x \cos x$;

$\left(\frac{1}{4}\cos 2x + 1\right)' = \frac{1}{4}(-\sin 2x) \cdot 2 = -\frac{1}{2}\sin 2x = -\sin x \cos x$.

因此,$\frac{1}{2}\cos^2 x$ 与 $\frac{1}{4}\cos 2x + 1$ 是同一个函数的原函数.

(2) $(\ln x)' = \frac{1}{x}$;

$(\ln 2x)' = \frac{1}{2x} \cdot (2x)' = \frac{1}{x}$.

因此，$\ln x$ 与 $\ln 2x$ 是同一个函数的原函数.

(3) $(\arctan x)' = \dfrac{1}{1+x^2}$；

$$\left(\arcsin\frac{x}{\sqrt{1+x^2}}\right)' = \frac{1}{\sqrt{1-\frac{x^2}{1+x^2}}} \cdot \left(\frac{x}{\sqrt{1+x^2}}\right)' = \sqrt{1+x^2} \cdot \frac{\sqrt{1+x^2}-x(\sqrt{1+x^2})'}{1+x^2}$$

$$= \sqrt{1+x^2} \cdot \frac{\sqrt{1+x^2}-\dfrac{x^2}{\sqrt{1+x^2}}}{1+x^2} = \frac{1}{1+x^2}.$$

因此，$\arctan x$ 与 $\arcsin\dfrac{x}{\sqrt{1+x^2}}$ 是同一个函数的原函数.

(4) $[-\arcsin(2x-1)]' = -\dfrac{1}{\sqrt{1-(2x-1)^2}} \cdot (2x-1)' = -\dfrac{1}{\sqrt{x-x^2}}$；

$(2\arcsin\sqrt{1-x})' = 2 \cdot \dfrac{1}{\sqrt{1-(1-x)}} \cdot \dfrac{1}{2}(1-x)^{-\frac{1}{2}} \cdot (-1) = -\dfrac{1}{\sqrt{x}} \cdot \dfrac{1}{\sqrt{1-x}} =$

$-\dfrac{1}{\sqrt{x-x^2}}.$

因此，$-\arcsin(2x-1)$ 与 $2\arcsin\sqrt{1-x}$ 是同一个函数的原函数.

【例 4-2】 设 $\displaystyle\int f(x)\mathrm{d}x = \ln(1+\mathrm{e}^{2x}) + C$，试求 $f(x)$.

解： 由题意知，$\ln(1+\mathrm{e}^{2x})$ 是 $f(x)$ 的一个原函数，则

$$f(x) = [\ln(1+\mathrm{e}^{2x})]' = \frac{1}{1+\mathrm{e}^{2x}} \cdot (\mathrm{e}^{2x})' = \frac{1}{1+\mathrm{e}^{2x}} \cdot \mathrm{e}^{2x} \cdot 2 = \frac{2\mathrm{e}^{2x}}{1+\mathrm{e}^{2x}}.$$

【例 4-3】 已知 $1-\mathrm{e}^{-x}$ 是 $f(x)$ 的一个原函数，试求 $\displaystyle\int\frac{f'(\ln x)}{x}\mathrm{d}x$.

解： 由题意知，$f(x) = (1-\mathrm{e}^{-x})' = \mathrm{e}^{-x}$，则

$$\int\frac{f'(\ln x)}{x}\mathrm{d}x = \int f'(\ln x)\mathrm{d}(\ln x) = \int \mathrm{d}f(\ln x) = f(\ln x) + C$$

$$= \mathrm{e}^{-\ln x} + C = \mathrm{e}^{\ln\frac{1}{x}} + C = \frac{1}{x} + C.$$

【例 4-4】 下列公式错误的是　　　　　　　　　　　　　　　　（　　）

A. $\left(\displaystyle\int f(x)\mathrm{d}x\right)' = f'(x)$ 　　　　　　B. $\mathrm{d}\displaystyle\int f(x)\mathrm{d}x = f(x)\mathrm{d}x$

C. $\displaystyle\int \mathrm{d}f(x) = f(x) + C$ 　　　　　　D. $\displaystyle\int f'(x)\mathrm{d}x = f(x) + C$

解： 利用积分运算与微分运算的互逆关系，可知应选 A.

【例 4-5】 求下列不定积分：

(1) $\displaystyle\int(\mathrm{e}^x - 2\cos x)\mathrm{d}x$ 　　　　　　(2) $\displaystyle\int\sqrt{x}(x+1)\mathrm{d}x$

(3) $\displaystyle\int 3^x\mathrm{e}^x\mathrm{d}x$ 　　　　　　(4) $\displaystyle\int\frac{t^2}{1+t^2}\mathrm{d}t$

(5) $\displaystyle\int\frac{x^2-2x+3}{x}\mathrm{d}x$ 　　　　　　(6) $\displaystyle\int\frac{1}{x^2(1+x^2)}\mathrm{d}x$

(7) $\int \dfrac{\cos 2x}{\cos x - \sin x}\mathrm{d}x$ 　　　　　　　　(8) $\int \dfrac{1}{\sin^2 x\cos^2 x}\mathrm{d}x$

解：(1) $\int (\mathrm{e}^x - 2\cos x)\mathrm{d}x = \int \mathrm{e}^x \mathrm{d}x - 2\int \cos x\mathrm{d}x = \mathrm{e}^x - 2\sin x + C.$

(2) $\int \sqrt{x}(x+1)\mathrm{d}x = \int x^{\frac{3}{2}}\mathrm{d}x + \int x^{\frac{1}{2}}\mathrm{d}x = \dfrac{2}{5}x^{\frac{5}{2}} + \dfrac{2}{3}x^{\frac{3}{2}} + C.$

(3) $\int 3^x \mathrm{e}^x \mathrm{d}x = \int (3\mathrm{e})^x \mathrm{d}x = \dfrac{(3\mathrm{e})^x}{\ln 3\mathrm{e}} + C.$

(4) $\int \dfrac{t^2}{1+t^2}\mathrm{d}t = \int \dfrac{1+t^2-1}{1+t^2}\mathrm{d}t = \int \left(1 - \dfrac{1}{1+t^2}\right)\mathrm{d}t = \int \mathrm{d}t - \int \dfrac{1}{1+t^2}\mathrm{d}t$

$\qquad = t - \arctan t + C.$

(5) $\int \dfrac{x^2 - 2x + 3}{x}\mathrm{d}x = \int \left(x - 2 + \dfrac{3}{x}\right)\mathrm{d}x = \int x\mathrm{d}x - 2\int \mathrm{d}x + 3\int \dfrac{1}{x}\mathrm{d}x$

$\qquad = \dfrac{1}{2}x^2 - 2x + 3\ln |x| + C.$

(6) $\int \dfrac{1}{x^2(1+x^2)}\mathrm{d}x = \int \left(\dfrac{1}{x^2} - \dfrac{1}{1+x^2}\right)\mathrm{d}x = \int \dfrac{1}{x^2}\mathrm{d}x - \int \dfrac{1}{1+x^2}\mathrm{d}x$

$\qquad = -\dfrac{1}{x} - \arctan x + C.$

(7) $\int \dfrac{\cos 2x}{\cos x - \sin x}\mathrm{d}x = \int \dfrac{\cos^2 x - \sin^2 x}{\cos x - \sin x}\mathrm{d}x = \int (\cos x + \sin x)\mathrm{d}x$

$\qquad = \int \cos x\mathrm{d}x + \int \sin x\mathrm{d}x = \sin x - \cos x + C.$

(8) $\int \dfrac{1}{\sin^2 x\cos^2 x}\mathrm{d}x = \int \dfrac{\sin^2 x + \cos^2 x}{\sin^2 x\cos^2 x}\mathrm{d}x = \int \sec^2 x\mathrm{d}x + \int \csc^2 x\mathrm{d}x$

$\qquad = \tan x - \cot x + C.$

【例 4-6】 计算下列不定积分：

(1) $\int (2x-1)^5 \mathrm{d}x$ 　　　　　　　　(2) $\int \mathrm{e}^{-x}\mathrm{d}x$

(3) $\int \cos x \cdot \mathrm{e}^{\sin x}\mathrm{d}x$ 　　　　　　(4) $\int \dfrac{1}{x(1+\ln^2 x)}\mathrm{d}x$

解：(1) 解法一：令 $u = 2x-1$，则 $\mathrm{d}u = \mathrm{d}(2x-1) = 2\mathrm{d}x$，即

$\int (2x-1)^5 \mathrm{d}x = \int u^5 \cdot \dfrac{1}{2}\mathrm{d}u = \dfrac{1}{2}\int u^5 \mathrm{d}u = \dfrac{1}{12}u^6 + C = \dfrac{1}{12}(2x-1)^6 + C.$

解法二：$\int (2x-1)^5 \mathrm{d}x = \dfrac{1}{2}\int (2x-1)^5 \mathrm{d}(2x-1) = \dfrac{1}{2}\times\dfrac{1}{6}(2x-1)^6 + C = $

$\dfrac{(2x-1)^6}{12} + C.$

(2) $\int \mathrm{e}^{-x}\mathrm{d}x = -\int \mathrm{e}^{-x}\mathrm{d}(-x) = -\mathrm{e}^{-x} + C.$

(3) $\int \cos x \cdot \mathrm{e}^{\sin x}\mathrm{d}x = \int \mathrm{e}^{\sin x}\mathrm{d}(\sin x) = \mathrm{e}^{\sin x} + C.$

(4) $\int \dfrac{1}{x(1+\ln^2 x)}\mathrm{d}x = \int \dfrac{1}{1+\ln^2 x}\mathrm{d}(\ln x) = \arctan(\ln x) + C.$

【例 4 - 7】　计算下列不定积分：

(1) $\displaystyle\int \frac{1}{1+4x^2}\mathrm{d}x$　　　　　　　　(2) $\displaystyle\int \frac{1}{5+4x+4x^2}\mathrm{d}x$

(3) $\displaystyle\int \frac{1}{\sqrt{1-9x^2}}\mathrm{d}x$　　　　　　　　(4) $\displaystyle\int \frac{1}{\sqrt{3+2x-x^2}}\mathrm{d}x$

(5) $\displaystyle\int \frac{x-1}{x^2-2x-3}\mathrm{d}x$　　　　　　　　(6) $\displaystyle\int \frac{1}{x^2-2x-3}\mathrm{d}x$

解：(1) $\displaystyle\int \frac{1}{1+4x^2}\mathrm{d}x = \int \frac{1}{1+(2x)^2}\mathrm{d}x = \frac{1}{2}\int \frac{1}{1+(2x)^2}\mathrm{d}(2x) = \frac{1}{2}\arctan(2x)+C.$

(2) $\displaystyle\int \frac{1}{5+4x+4x^2}\mathrm{d}x = \int \frac{1}{4+(2x+1)^2}\mathrm{d}x = \frac{1}{4}\int \frac{1}{1+\left(x+\frac{1}{2}\right)^2}\mathrm{d}x$

$$= \frac{1}{4}\int \frac{1}{1+\left(x+\frac{1}{2}\right)^2}\mathrm{d}\left(x+\frac{1}{2}\right) = \frac{1}{4}\arctan\left(x+\frac{1}{2}\right)+C.$$

(3) $\displaystyle\int \frac{1}{\sqrt{1-9x^2}}\mathrm{d}x = \int \frac{1}{\sqrt{1-(3x)^2}}\mathrm{d}x = \frac{1}{3}\int \frac{1}{\sqrt{1-(3x)^2}}\mathrm{d}(3x) = \frac{1}{3}\arcsin(3x)+C.$

(4) $\displaystyle\int \frac{1}{\sqrt{3+2x-x^2}}\mathrm{d}x = \int \frac{1}{\sqrt{4-(x-1)^2}}\mathrm{d}x = \frac{1}{2}\int \frac{1}{\sqrt{1-\left(\frac{x-1}{2}\right)^2}}\mathrm{d}x$

$$= \int \frac{1}{\sqrt{1-\left(\frac{x-1}{2}\right)^2}}\mathrm{d}\left(\frac{x-1}{2}\right) = \arcsin\left(\frac{x-1}{2}\right)+C.$$

(5) $\displaystyle\int \frac{x-1}{x^2-2x-3}\mathrm{d}x = \frac{1}{2}\int \frac{1}{x^2-2x-3}\mathrm{d}(x^2-2x-3) = \frac{1}{2}\ln|x^2-2x-3|+C.$

(6) $\displaystyle\int \frac{1}{x^2-2x-3}\mathrm{d}x = \int \frac{1}{(x-3)(x+1)}\mathrm{d}x = \frac{1}{4}\int \left(\frac{1}{x-3}-\frac{1}{x+1}\right)\mathrm{d}x$

$$= \frac{1}{4}\int \frac{1}{x-3}\mathrm{d}(x-3) - \frac{1}{4}\int \frac{1}{x+1}\mathrm{d}(x+1)$$

$$= \frac{1}{4}(\ln|x-3|-\ln|x+1|)+C = \frac{1}{4}\ln\left|\frac{x-3}{x+1}\right|+C.$$

【例 4 - 8】　求不定积分 $\displaystyle\int \frac{1}{1+\sqrt{1+x}}\mathrm{d}x.$

解：令 $x = t^2-1(t>0)$，则 $\mathrm{d}x = 2t\mathrm{d}t$，$t = \sqrt{1+x}$，即

$$\int \frac{1}{1+\sqrt{1+x}}\mathrm{d}x = \int \frac{1}{1+t}\cdot 2t\mathrm{d}t = 2\int \frac{t}{1+t}\mathrm{d}t = 2\int\left(1-\frac{1}{1+t}\right)\mathrm{d}t$$

$$= 2\left(\int\mathrm{d}t - \int \frac{1}{1+t}\mathrm{d}t\right) = 2[t-\ln|1+t|]+C$$

$$= 2\sqrt{1+x} - 2\ln(1+\sqrt{1+x})+C.$$

【例 4 - 9】　求不定积分 $\displaystyle\int \frac{\sqrt{x^2-a^2}}{x}\mathrm{d}x\ (a>0).$

解：设 $x = a\sec t$，则 $\mathrm{d}x = a\sec t\tan t\mathrm{d}t$，于是

$$\int \frac{\sqrt{x^2 - a^2}}{x}\mathrm{d}x = \int \frac{a\tan t}{a\sec t}\cdot a\sec t\tan t\mathrm{d}t = a\int \tan^2 t\mathrm{d}t$$

$$= a\int (\sec^2 t - 1)\mathrm{d}t = a\tan t - at + C.$$

因为 $\sec t = \dfrac{x}{a}, \tan t = \dfrac{\sqrt{x^2 - a^2}}{a}, t = \arctan\dfrac{\sqrt{x^2 - a^2}}{a}$,则

原式 $= \sqrt{x^2 - a^2} - a\cdot\arctan\dfrac{\sqrt{x^2 - a^2}}{a} + C.$

【例 4-10】 求不定积分 $\displaystyle\int \dfrac{1}{\sqrt{x} + \sqrt[3]{x}}\mathrm{d}x.$

解: 设 $x = t^6(t > 0)$,则 $t = \sqrt[6]{x}, \mathrm{d}x = 6t^5\mathrm{d}t$,于是

$$\int \frac{1}{\sqrt{x} + \sqrt[3]{x}}\mathrm{d}x = \int \frac{1}{t^3 + t^2}\cdot 6t^5\mathrm{d}t = 6\int \frac{t^3}{t + 1}\mathrm{d}t = 6\int \frac{t^3 + 1 - 1}{t + 1}\mathrm{d}t$$

$$= 6\int \left[(t^2 - t + 1) - \frac{1}{t + 1}\right]\mathrm{d}t = 6\left(\frac{1}{3}t^3 - \frac{1}{2}t^2 + t - \ln|1 + t|\right) + C$$

$$= 2t^3 - 3t^2 + 6t - 6\ln|1 + t| + C$$

$$= 2\sqrt{x} - 3\sqrt[3]{x} + 6\sqrt[6]{x} - 6\ln(1 + \sqrt[6]{x}) + C.$$

【例 4-11】 求 $\displaystyle\int x\sin x\mathrm{d}x.$

解: 设 $u = x, \mathrm{d}v = \sin x\mathrm{d}x = \mathrm{d}(-\cos x)$,则 $v = -\cos x.$

$$\int x\sin x\mathrm{d}x = \int x\mathrm{d}(-\cos x) = -x\cos x - \int (-\cos x)\mathrm{d}x$$

$$= -x\cos x + \sin x + C.$$

注意: 运算熟练之后,不必具体写出 u, v,只需直接使用分部积分公式即可.

【例 4-12】 求 $\displaystyle\int x^2\cos x\mathrm{d}x.$

解: $\displaystyle\int x^2\cos x\mathrm{d}x = \int x^2\mathrm{d}(\sin x) = x^2\sin x - \int \sin x\mathrm{d}(x^2) = x^2\sin x - \int 2x\sin x\mathrm{d}x$

$$= x^2\sin x - 2\int x\mathrm{d}(-\cos x) = x^2\sin x + 2x\cos x - 2\int \cos x\mathrm{d}x$$

$$= x^2\sin x + 2x\cos x - 2\sin x + C.$$

注意: 多次使用分部积分时,每次选择的 v 要保持一致.

【例 4-13】 求 $\displaystyle\int (x + 1)\mathrm{e}^{-x}\mathrm{d}x$

解: $\displaystyle\int (x + 1)\mathrm{e}^{-x}\mathrm{d}x = \int (x + 1)\mathrm{d}(-\mathrm{e}^{-x}) = -(x + 1)\mathrm{e}^{-x} + \int \mathrm{e}^{-x}\mathrm{d}(x + 1)$

$$= -(x + 1)\mathrm{e}^{-x} + \int \mathrm{e}^{-x}\mathrm{d}x = -(x + 1)\mathrm{e}^{-x} - \mathrm{e}^{-x} + C$$

$$= -(x + 2)\mathrm{e}^{-x} + C.$$

【例 4-14】 求 $\displaystyle\int x\ln x\mathrm{d}x.$

解: $\displaystyle\int x\ln x\mathrm{d}x = \frac{1}{2}\int \ln x\mathrm{d}(x^2) = \frac{1}{2}\left[x^2\ln x - \int x^2\mathrm{d}(\ln x)\right]$

$$= \frac{1}{2}\left[x^2\ln x - \int x\mathrm{d}x\right] = \frac{1}{2}x^2\ln x - \frac{1}{4}x^2 + C.$$

【例 4 - 15】　求 $\int \mathrm{e}^x\sin x\mathrm{d}x.$

解: $\int \mathrm{e}^x\sin x\mathrm{d}x = \int \sin x\mathrm{d}(\mathrm{e}^x) = \mathrm{e}^x\sin x - \int \mathrm{e}^x\mathrm{d}(\sin x) = \mathrm{e}^x\sin x - \int \mathrm{e}^x\cos x\mathrm{d}x$

$$= \mathrm{e}^x\sin x - \int \cos x\mathrm{d}(\mathrm{e}^x) = \mathrm{e}^x\sin x - \left[\mathrm{e}^x\cos x - \int \mathrm{e}^x\mathrm{d}(\cos x)\right]$$

$$= \mathrm{e}^x(\sin x - \cos x) - \int \mathrm{e}^x\sin x\mathrm{d}x,$$

因此, $\int \mathrm{e}^x\sin x\mathrm{d}x = \frac{1}{2}\mathrm{e}^x(\sin x - \cos x) + C.$

【例 4 - 16】　求 $\int x\arctan x\mathrm{d}x.$

解: $\int x\arctan x\mathrm{d}x = \frac{1}{2}\int \arctan x\mathrm{d}(x^2) = \frac{1}{2}\left[x^2\arctan x - \int x^2\mathrm{d}(\arctan x)\right]$

$$= \frac{1}{2}\left(x^2\arctan x - \int \frac{x^2}{1+x^2}\mathrm{d}x\right)$$

$$= \frac{1}{2}\left(x^2\arctan x - \int \mathrm{d}x + \int \frac{1}{1+x^2}\mathrm{d}x\right)$$

$$= \frac{1}{2}(x^2\arctan x - x + \arctan x) + C.$$

【例 4 - 17】　求 $\int \arcsin x\mathrm{d}x.$

解: $\int \arcsin x\mathrm{d}x = x\arcsin x - \int x\mathrm{d}(\arcsin x) = x\arcsin x - \int \frac{x}{\sqrt{1-x^2}}\mathrm{d}x$

$$= x\arcsin x + \frac{1}{2}\int \frac{1}{\sqrt{1-x^2}}\mathrm{d}(1-x^2) = x\arcsin x + \sqrt{1-x^2} + C.$$

【例 4 - 18】　已知 $f(x)$ 的一个原函数为 $\frac{\sin x}{x}$,试求 $\int xf'(x)\mathrm{d}x.$

分析: 对于形如 $\int xf'(x)\mathrm{d}x, \int xf''(x)\mathrm{d}x$ 的不定积分,一般可先直接使用分部积分,

即 $\int xf'(x)\mathrm{d}x = \int x\mathrm{d}f(x), \int xf''(x)\mathrm{d}x = \int x\mathrm{d}f'(x).$

解: 由题意知 $f(x) = \left(\frac{\sin x}{x}\right)' = \frac{x\cos x - \sin x}{x^2}, \int f(x)\mathrm{d}x = \frac{\sin x}{x} + C.$

所以 $\int xf'(x)\mathrm{d}x = \int x\mathrm{d}f(x) = xf(x) - \int f(x)\mathrm{d}x = \frac{x\cos x - \sin x}{x} - \frac{\sin x}{x} + C.$

【例 4 - 19】　求下列不定积分:

(1) $\int \mathrm{e}^{\sqrt{x+1}}\mathrm{d}x$ 　　　　　　　　　　　(2) $\int \cos\sqrt{x}\mathrm{d}x$

解: (1) 令 $x = t^2 - 1(t > 0)$,则 $\mathrm{d}x = 2t\mathrm{d}t, \sqrt{x+1} = t$,于是

$$\int \mathrm{e}^{\sqrt{x+1}}\mathrm{d}x = \int \mathrm{e}^t \cdot 2t\mathrm{d}t = 2\int t\mathrm{d}(\mathrm{e}^t) = 2(t\mathrm{e}^t - \int \mathrm{e}^t\mathrm{d}t) = 2(t\mathrm{e}^t - \mathrm{e}^t) + C$$

$$= 2(\sqrt{1+x}-1)e^{\sqrt{1+x}} + C.$$

(2) 令 $x = t^2(t > 0)$，则 $\sqrt{x} = t$，$\mathrm{d}x = 2t\mathrm{d}t$，于是

$$\int \cos\sqrt{x}\,\mathrm{d}x = \int \cos t \cdot 2t\mathrm{d}t = 2\int t\mathrm{d}(\sin t) = 2(t\sin t - \int \sin t\mathrm{d}t)$$

$$= 2(t\sin t + \cos t) + C = 2(\sqrt{x}\sin\sqrt{x} + \cos\sqrt{x}) + C.$$

【例 4 - 20】　求不定积分 $\int \dfrac{1}{1+\sin x}\mathrm{d}x$.

解：$\int \dfrac{1}{1+\sin x}\mathrm{d}x = \int \dfrac{1-\sin x}{(1+\sin x)(1-\sin x)}\mathrm{d}x = \int \dfrac{1-\sin x}{\cos^2 x}\mathrm{d}x$

$$= \int \dfrac{1}{\cos^2 x}\mathrm{d}x - \int \dfrac{\sin x}{\cos^2 x}\mathrm{d}x = \tan x + \int \dfrac{1}{\cos^2 x}\mathrm{d}(\cos x)$$

$$= \tan x - \dfrac{1}{\cos x} + C.$$

类似，还可以求 $\int \dfrac{1}{1-\sin x}\mathrm{d}x, \int \dfrac{1}{1-\cos x}\mathrm{d}x, \int \dfrac{1}{1-\sin x}\mathrm{d}x.$

 练习题

§4.1 练习题

一、选择题

1. 已知一个函数的导数为 $y' = 2x$ 且 $x = 1$ 时，$y = 2$，这个函数是　　　　（　　）

A. $y = x^2 + C$　　　　　　　　　B. $y = x^2 + 1$

C. $y = \dfrac{x^2}{2} + C$　　　　　　　D. $y = x + 1$

2. 下列函数中原函数为 $\ln(kx)(k \neq 0)$ 的是　　　　　　　　　　　　（　　）

A. $\dfrac{1}{kx}$　　　　B. $\dfrac{1}{x}$　　　　C. $\dfrac{k}{x}$　　　　D. $\dfrac{1}{k^2}$

3. 如果 $\int f(x)\mathrm{d}x = x\ln x + C$，则 $f(x) =$　　　　　　　　　　（　　）

A. $\ln x + 1$　　　　　　　　　　B. $\ln x - 1$

C. $x\ln x + x$　　　　　　　　　　D. $x\ln x - x$

4. 若 $F'(x) = f(x)$，则 $\int \mathrm{d}F(x) =$　　　　　　　　　　　　（　　）

A. $f(x)$　　　　　　　　　　　　B. $F(x)$

C. $f(x) + C$　　　　　　　　　　D. $F(x) + C$

5. 函数 $f(x) = (x + |x|)^2$ 的一个原函数 $F(x) =$　　　　　　　　　（　　）

A. $\dfrac{4}{3}x^3$　　　　　　　　　　B. $\dfrac{4}{3}|x| \cdot x^2$

C. $\dfrac{2}{3}x(x^2 + |x^2|)$　　　　　　D. $\dfrac{2}{3}x^2(x + |x|)$

二、填空题

1. 已知 $\left(\int f(x)\mathrm{d}x\right)' = \ln x$，则 $f(x) = $ _____.

2. 若 $f(x) = \dfrac{1}{2}x^2$，则 $\int f'(x^2)\mathrm{d}x = $ _____.

三、计算下列不定积分

1. $\displaystyle\int x^3\mathrm{d}x$

2. $\displaystyle\int (x^2 - x + 1)\mathrm{d}x$

3. $\displaystyle\int (2x+1)^2\mathrm{d}x$

4. $\displaystyle\int \dfrac{1}{x^2}\mathrm{d}x$

5. $\displaystyle\int x^2\sqrt{x}\mathrm{d}x$

6. $\displaystyle\int \sqrt[3]{x}(x^2 - 5)\mathrm{d}x$

7. $\displaystyle\int \dfrac{1}{\sqrt{t}}\mathrm{d}t$

8. $\displaystyle\int \dfrac{x^2 + \sqrt{x^3} + 3}{\sqrt{x}}\mathrm{d}x$

9. $\displaystyle\int \frac{(1-x)^2}{\sqrt{x}}\mathrm{d}x$

10. $\displaystyle\int 2^x \mathrm{d}x$

11. $\displaystyle\int 10^x \cdot 2^{3x}\mathrm{d}x$

12. $\displaystyle\int \frac{2\times 3^x + 5\times 2^x}{3^x}\mathrm{d}x$

13. $\displaystyle\int \mathrm{e}^{x+1}\mathrm{d}x$

14. $\displaystyle\int \mathrm{e}^x(1-3\mathrm{e}^{-x}\sqrt{x})\mathrm{d}x$

15. $\displaystyle\int \frac{-2}{\sqrt{1-x^2}}\mathrm{d}x$

16. $\displaystyle\int \left(\frac{3}{1+x^2}-\frac{1}{\sqrt{1-x^2}}\right)\mathrm{d}x$

17. $\displaystyle\int \frac{(x+1)^2}{x(x^2+1)}\mathrm{d}x$

18. $\displaystyle\int (\cos x - \sin x)\mathrm{d}x$

19. $\displaystyle\int \sec x(\sec x - \tan x)\mathrm{d}x$

20. $\displaystyle\int \left(\frac{1}{\sin^2 x} + \frac{1}{\cos^2 x}\right)\mathrm{d}x$

21. $\displaystyle\int \frac{1 + \cos 2x}{1 - \cos 2x}\mathrm{d}x$

22. $\displaystyle\int \frac{\cos 2x}{\cos^2 x \sin^2 x}\mathrm{d}x$

23. $\displaystyle\int \frac{1}{1 - \cos 2x}\mathrm{d}x$

四、解答题

1. 一曲线通过点$(\mathrm{e}^2, 2)$,且在任意点处的切线斜率等于该点横坐标的倒数,求该曲线的方程.

2. 物体运动速度为$v = (3t^2 + 4t)\mathrm{m/s}$,当$t = 2\,\mathrm{s}$时,物体经过的路程$s = 17\,\mathrm{m}$,求物体的运动方程.

§4.2 练习题

一、选择题

1. 下列凑微分正确的是 （　　）

   A. $\ln x\,\mathrm{d}x = \mathrm{d}\left(\dfrac{1}{x}\right)$ B. $\dfrac{1}{\sqrt{1-x^2}}\,\mathrm{d}x = \mathrm{d}\sin x$

   C. $\dfrac{1}{x^2}\,\mathrm{d}x = \mathrm{d}\left(-\dfrac{1}{x}\right)$ D. $\sqrt{x}\,\mathrm{d}x = \mathrm{d}\sqrt{x}$

2. 若 $\displaystyle\int f(x)\,\mathrm{d}x = F(x) + C$，则 $\displaystyle\int \sin x \cdot f(\cos x)\,\mathrm{d}x =$ （　　）

   A. $F(\sin x) + C$ B. $-F(\sin x) + C$

   C. $F(\cos x) + C$ D. $-F(\cos x) + C$

3. $\displaystyle\int\left(\dfrac{1}{\sin^2 x} + 1\right)\mathrm{d}(\sin x) =$ （　　）

   A. $-\dfrac{1}{\sin x} + \sin x + C$ B. $\dfrac{1}{\sin x} + \sin x + C$

   C. $-\cot x + \sin x + C$ D. $\cot x + \sin x + C$

二、填空题(在下列各式右端的括号内填入适当的常数,使等式成立)

1. $\mathrm{d}x = (\qquad)\mathrm{d}(3x+2)$ 2. $\mathrm{d}x = (\qquad)\mathrm{d}(1-3x)$

3. $x\,\mathrm{d}x = (\qquad)\mathrm{d}(x^2)$ 4. $x\,\mathrm{d}x = (\qquad)\mathrm{d}\left(\dfrac{1}{2}x^2 + 3\right)$

5. $\cos x\,\mathrm{d}x = (\qquad)\mathrm{d}(\sin x)$ 6. $\sin x\,\mathrm{d}x = (\qquad)\mathrm{d}(\cos x)$

7. $\sin 2x\,\mathrm{d}x = (\qquad)\mathrm{d}(\cos 2x)$ 8. $\dfrac{1}{\sqrt{x}}\,\mathrm{d}x = (\qquad)\mathrm{d}(\sqrt{x})$

9. $\mathrm{e}^{2x}\,\mathrm{d}x = (\qquad)\mathrm{d}(\mathrm{e}^{2x})$ 10. $\mathrm{e}^{-x}\,\mathrm{d}x = (\qquad)\mathrm{d}(\mathrm{e}^{-x})$

11. $\dfrac{1}{1+9x^2}\,\mathrm{d}x = (\qquad)\mathrm{d}(\arctan 3x)$ 12. $\dfrac{x}{1+x^4}\,\mathrm{d}x = (\qquad)\mathrm{d}(\arctan x^2)$

13. $\dfrac{1}{\sqrt{1-4x^2}}\,\mathrm{d}x = (\qquad)\mathrm{d}(\arcsin 2x)$ 14. $\dfrac{\mathrm{e}^x}{1+\mathrm{e}^{2x}}\,\mathrm{d}x = (\qquad)\mathrm{d}(\arctan \mathrm{e}^x)$

15. $\dfrac{\mathrm{e}^x}{\sqrt{1-\mathrm{e}^{2x}}}\,\mathrm{d}x = (\qquad)\mathrm{d}(\arcsin \mathrm{e}^x)$ 16. $\dfrac{\mathrm{e}^x}{1+\mathrm{e}^x}\,\mathrm{d}x = (\qquad)\mathrm{d}(\ln(1+\mathrm{e}^x))$

三、求下列不定积分(提示:第一类换元积分法)

1. $\displaystyle\int (2x-1)^2\,\mathrm{d}x$ 2. $\displaystyle\int \mathrm{e}^{2x}\,\mathrm{d}x$

3. $\int x\sqrt{1-x^2}\,\mathrm{d}x$

4. $\int \dfrac{1}{\sqrt{x}(1+x)}\mathrm{d}x$

5. $\int \dfrac{\arcsin\sqrt{x}}{\sqrt{x}\sqrt{1-x}}\mathrm{d}x$

6. $\int \dfrac{1}{4+x^2}\mathrm{d}x$

7. $\int \dfrac{1}{x\sqrt{\ln x}}\mathrm{d}x$

8. $\int \dfrac{1}{x^2}\mathrm{e}^{-\frac{1}{x}}\mathrm{d}x$

9. $\int \sec^2 3x\,\mathrm{d}x$

10. $\int \sin x \cdot \mathrm{e}^{\cos x}\,\mathrm{d}x$

11. $\int \sin^3 x\,\mathrm{d}x$

12. $\int \cos^5 x\,\mathrm{d}x$

13. $\int \sin^2 x \cos^2 x \, \mathrm{d}x$

14. $\int \tan^4 x \, \mathrm{d}x$

15. $\int \cos^4 x \, \mathrm{d}x$

16. $\int \dfrac{1}{\cos^4 x} \, \mathrm{d}x$

17. $\int \dfrac{1}{\sqrt{4 - 9x^2}} \, \mathrm{d}x$

18. $\int \dfrac{x}{\sqrt{4 - x^4}} \, \mathrm{d}x$

19. $\int x \sqrt{1 + x^2} \, \mathrm{d}x$

20. $\int x^3 \sqrt{1 + x^2} \, \mathrm{d}x$

21. $\int \dfrac{2x + 1}{x^2 + x} \, \mathrm{d}x$

22. $\int \dfrac{1}{x^2 - 4} \, \mathrm{d}x$

23. $\displaystyle\int \frac{1}{x^2+2x+2}\mathrm{d}x$

24. $\displaystyle\int \frac{1}{x^2+2x-8}\mathrm{d}x$

25. $\displaystyle\int \frac{x+1}{x^2+2x-8}\mathrm{d}x$

26. $\displaystyle\int \frac{1}{\sqrt{2x-x^2}}\mathrm{d}x$

27. $\displaystyle\int \frac{1-x}{\sqrt{1-x^2}}\mathrm{d}x$

28. $\displaystyle\int \mathrm{e}^{\mathrm{e}^x+x}\mathrm{d}x$

29. $\displaystyle\int \frac{1+\ln x}{1+(x\ln x)^2}\mathrm{d}x$

30. $\displaystyle\int \frac{1+\ln x}{(x\ln x)^2}\mathrm{d}x$

31. $\displaystyle\int \frac{1}{\mathrm{e}^x+\mathrm{e}^{-x}}\mathrm{d}x$

32. $\displaystyle\int \frac{1}{(\arcsin x)^2\sqrt{1-x^2}}\mathrm{d}x$

四、求下列不定积分(提示:第二类换元积分法)

1. $\int \dfrac{1}{x\sqrt{x-1}}\mathrm{d}x$

2. $\int \dfrac{\sqrt{x+1}}{1+\sqrt{x+1}}\mathrm{d}x$

3. $\int \dfrac{\mathrm{d}x}{1+\sqrt[3]{x+1}}$

4. $\int \dfrac{1}{\sqrt{1+\mathrm{e}^x}}\mathrm{d}x$

5. $\int \dfrac{\mathrm{d}x}{x^2\sqrt{1-x^2}}$

6. $\int \dfrac{x^2}{\sqrt{a^2-x^2}}\mathrm{d}x\,(a>0)$

7. $\int \dfrac{1}{x\sqrt{x^2-1}}\mathrm{d}x$

8. $\int \dfrac{\sqrt{x^2-9}}{x}\mathrm{d}x$

9. $\int \dfrac{1}{(x^2+1)^{\frac{3}{2}}}\mathrm{d}x$

10. $\int \dfrac{1}{x^2\sqrt{x^2-4}}\mathrm{d}x$

11. $\int \dfrac{1}{1+\sqrt{2}\,x}\mathrm{d}x$

12. $\int \sqrt{16-x^2}\,\mathrm{d}x$

§4.3 练习题

一、选择题

1. $\int \ln 2x\,\mathrm{d}x =$ 　　　　　　　　　　　　　　　　（　　）

   A. $2x\ln 2x - 2x + C$ 　　　　　　　B. $x\ln 2 + \ln x + C$

   C. $x\ln 2x - x + C$ 　　　　　　　　D. $\dfrac{1}{2}x\ln x - \dfrac{1}{2}x + C$

2. $\int x\,\mathrm{d}f'(x) =$ 　　　　　　　　　　　　　　　　（　　）

   A. $xf(x) - f(x) + C$ 　　　　　　　B. $xf'(x) - f(x) + C$

   C. $xf(x) - f'(x) + C$ 　　　　　　　D. $xf'(x) - f'(x) + C$

3. 若 $\dfrac{\ln x}{x}$ 为 $f(x)$ 的一个原函数,则 $\int xf'(x)\mathrm{d}x =$ 　　　　　（　　）

   A. $\dfrac{\ln x}{x} + C$ 　　　　　　　　B. $\dfrac{1+\ln x}{x^2} + C$

   C. $\dfrac{1}{x} + C$ 　　　　　　　　　　D. $\dfrac{1}{x} - \dfrac{2\ln x}{x} + C$

4. 设 $f(x) = \cos 2x$,则 $\int xf'(x)\mathrm{d}x =$ 　　　　　　　　　（　　）

   A. $x\cos 2x - \dfrac{1}{2}\sin 2x + C$ 　　　　B. $x\sin 2x - \cos 2x + C$

   C. $x\cos 2x - \sin 2x + C$ 　　　　　　D. $x\sin 2x - \dfrac{1}{2}\cos 2x + C$

二、填空题

1. $\int \ln x\,\mathrm{d}x =$ _____.

2. $\int x\mathrm{e}^x\,\mathrm{d}x =$ _____.

3. $\int \dfrac{1}{\sqrt{x}(1+x)}\mathrm{d}x =$ _____.

4. 设 $f(x)$ 的一个原函数为 e^x,则 $\int xf'(x)\mathrm{d}x =$ _____.

三、求下列不定积分

1. $\int x \sin 3x \, \mathrm{d}x$ 2. $\int x^2 \cos x \, \mathrm{d}x$

3. $\int x \cos^2 x \, \mathrm{d}x$ 4. $\int x \sin x \cos x \, \mathrm{d}x$

5. $\int x \sec^2 x \, \mathrm{d}x$ 6. $\int x \csc^2 x \, \mathrm{d}x$

7. $\int x^2 \mathrm{e}^x \, \mathrm{d}x$ 8. $\int (x+1) \mathrm{e}^{-x} \, \mathrm{d}x$

9. $\int \mathrm{e}^x \sin^2 x \, \mathrm{d}x$ 10. $\int \mathrm{e}^{\sqrt{x}} \, \mathrm{d}x$

11. $\int e^{\sqrt[3]{x}} \, \mathrm{d}x$

12. $\int x^2 \ln x \, \mathrm{d}x$

13. $\int x^2 \ln(1+x) \, \mathrm{d}x$

14. $\int \sin(\ln x) \, \mathrm{d}x$

15. $\int \sec^3 x \, \mathrm{d}x$

16. $\int (\arcsin x)^2 \, \mathrm{d}x$

17. $\int x^2 \arctan x \, \mathrm{d}x$

18. $\int e^{-x} \sin 2x \, \mathrm{d}x$

19. $\int x^2 e^{3x} \, \mathrm{d}x$

20. $\int \ln(1+x^2) \, \mathrm{d}x$

21. $\int \dfrac{1}{\sqrt{x}}\arcsin \sqrt{x}\,\mathrm{d}x$

22. $\int \sin \sqrt{x}\,\mathrm{d}x$

23. $\int xf''(x)\,\mathrm{d}x$

24. $\int x\arctan 2x\,\mathrm{d}x$

25. $\int x\,\dfrac{\cos x}{\sin^3 x}\,\mathrm{d}x$

26. $\int \dfrac{\ln\cos x}{\cos^2 x}\,\mathrm{d}x$

27. $\int \dfrac{\arcsin x}{x^2}\,\mathrm{d}x$

28. $\int \dfrac{x+\sin x}{1+\cos x}\,\mathrm{d}x$

29. $\int \dfrac{x\ln x}{(1+x^2)^2}\,\mathrm{d}x$

第四章自测题

一、选择题(每小题 2 分,共 12 分)

1. 函数 e^{-x} 的一个原函数是 　　　　　　　　　　　(　)

　A. e^{-x} 　　　　　　B. $-e^{-x}$ 　　　　　　C. e^x 　　　　　　D. $-e^x$

2. 下列函数中,不是 $f(x)=\dfrac{2}{x}(x>0)$ 的原函数的是 　　　　(　)

　A. $2\ln x-1$ 　　　　　　　　　　B. $2\ln x+\ln 2$

　C. $2\ln 2x$ 　　　　　　　　　　D. $3\ln 3x$

3. 下列求不定积分中,不正确的是 　　　　　　　　　　　(　)

　A. $\displaystyle\int\frac{1}{x^2}dx=\frac{1}{x}+C$ 　　　　　B. $\displaystyle\int\frac{1}{\sqrt{1-x^2}}dx=\arcsin x+C$

　C. $\displaystyle\int\frac{1}{\cos^2 x}dx=\tan x+C$ 　　　D. $\displaystyle\int\frac{1}{x}dx=\ln|2x|+C$

4. 若 $f'(x^2)=\sqrt{x}$,则 $f(x^2)=$ 　　　　　　　　　　(　)

　A. $\ln x+C$ 　　　　　　　　　　B. $\dfrac{4}{5}x^{\frac{5}{2}}+C$

　C. $2x+C$ 　　　　　　　　　　D. $\dfrac{2}{3}x^{\frac{3}{2}}+C$

5. 若 $f(x)$ 是 $\ln x$ 的一个原函数,则 $\displaystyle\int xf'(x)dx=$ 　　　(　)

　A. $x+C$ 　　　　　　　　　　B. $\ln x+C$

　C. $\dfrac{1}{2}x^2\ln x-\dfrac{1}{4}x^2+C$ 　　　D. $x^2\ln x+\dfrac{1}{2}x^2+C$

6. 设 $f(x)$ 是连续函数,且 $\displaystyle\int f(x)dx=F(x)+C$,则下列各式正确的是 　　(　)

　A. $\displaystyle\int e^x f(e^x)dx=F(e^x)+C$

　B. $\displaystyle\int f(2x+1)dx=F(2x+1)+C$

　C. $\displaystyle\int xf(x^2)dx=F(x^2)+C$

　D. $\displaystyle\int f(\ln x)\cdot\frac{1}{2x}dx=F(\ln 2x)+C$

二、填空题(每小题 2 分,共 12 分)

1. 函数_____的原函数是 $\dfrac{1}{x}$.

2. 已知 $\displaystyle\int f(x)dx=e^x+\arctan x+C$,则 $f'(x)=$ _____.

3. 若 $\displaystyle\int f(x)dx=x^2+C$,则 $\displaystyle\int 2xf(1-x^2)dx=$ _____.

4. $\displaystyle\int x\,d\varphi'(x)=$ _____.

5. $\int x \mathrm{d}e^{-x} = $ _____.

6. 设 $f(x)$ 的一个原函数是 $\sqrt{x}$，则 $\int x f'(x) \mathrm{d}x = $ _____.

三、求下列不定积分（每小题 2 分，共 60 分）

(1) $\int \dfrac{\sqrt{x} - 2\sqrt{x^3} + 1}{\sqrt[4]{x}} \mathrm{d}x$
　　　　　　　　(2) $\int (2\sin x - 3^x e^x) \mathrm{d}x$

(3) $\int \tan^2 x \mathrm{d}x$
　　　　　　　　(4) $\int \sin^2 \dfrac{x}{2} \mathrm{d}x$

(5) $\int \dfrac{x^3}{1+x^2} \mathrm{d}x$
　　　　　　　　(6) $\int \dfrac{x^4}{1+x^2} \mathrm{d}x$

(7) $\int x\sqrt{9 - x^2} \mathrm{d}x$
　　　　　　　　(8) $\int \dfrac{\sqrt{9 - x^2}}{x^2} \mathrm{d}x$

(9) $\displaystyle\int \frac{1}{x^2\sqrt{1+x^2}}\mathrm{d}x$

(10) $\displaystyle\int \frac{1}{x^2\sqrt{x^2-1}}\mathrm{d}x$

(11) $\displaystyle\int \frac{1+\ln x}{\sqrt{x\ln x}}\mathrm{d}x$

(12) $\displaystyle\int \frac{\sqrt{1+\ln x}}{x\ln x}\mathrm{d}x$

(13) $\displaystyle\int \frac{1}{x(1+\sqrt{x})}\mathrm{d}x$

(14) $\displaystyle\int \frac{1}{\sqrt{x}(1+x)}\mathrm{d}x$

(15) $\displaystyle\int \frac{1}{\sqrt{9-4x^2}}\mathrm{d}x$

(16) $\displaystyle\int \frac{x}{\sqrt{9-4x^2}}\mathrm{d}x$

(17) $\displaystyle\int x^3\ln x\mathrm{d}x$

(18) $\displaystyle\int \mathrm{e}^{2x}\cos x\mathrm{d}x$

(19) $\int (\ln x)^2 \mathrm{d}x$ (20) $\int x^2 \sin x \mathrm{d}x$

(21) $\int \cos(\ln x) \mathrm{d}x$ (22) $\int \dfrac{\ln(x+1)}{\sqrt{x+1}} \mathrm{d}x$

(23) $\int \dfrac{x-1}{x^2-2x+2} \mathrm{d}x$ (24) $\int \dfrac{1}{x^2-2x+2} \mathrm{d}x$

(25) $\int \dfrac{1}{x^2+x-2} \mathrm{d}x$ (26) $\int \dfrac{2x-3}{x^2+x-2} \mathrm{d}x$

(27) $\int \dfrac{x-2}{x^2+x-2} \mathrm{d}x$ (28) $\int \dfrac{1}{1-x^2} \mathrm{d}x$

(29) $\displaystyle\int \frac{1}{x^4-x^2}\mathrm{d}x$ 　　　　　　　(30) $\displaystyle\int \frac{1}{x(x^2+2)}\mathrm{d}x$

四、综合题(每小题 8 分,共 16 分)

1. 设 $F(x)>0$ 是 $f(x)$ 的一个原函数,且 $F(0)=2$,$\dfrac{f(x)}{F(x)}=\dfrac{x}{1+x^2}$,

证明:$f(x)=\dfrac{2x}{\sqrt{1+x^2}}$

2. 设 $f'(\mathrm{e}^x)=a\sin x+b\cos x(a,b$ 为不同时为零的常数$)$,求 $f(x)$.

第五章 定积分

✍ 内容提要

1. 理解定积分的概念,了解定积分的性质和定积分的几何意义.
2. 理解变上限函数的概念,掌握变上限函数的性质,会求变上限函数的导数.
3. 了解原函数存在定理,熟练掌握牛顿-莱布尼兹公式.
4. 掌握定积分的换元积分法和分部积分法.
5. 了解广义积分的概念及敛散性的判别法,会求简单的广义积分.
6. 会用定积分计算平面图形的面积和旋转体体积.

🗒 重点、难点

1. 定积分的概念和性质.
2. 原函数存在定理.
3. 牛顿-莱布尼兹公式.
4. 定积分的换元积分法和分部积分法.
5. 定积分的微元法及其在几何上的应用.
6. 广义积分的概念.

📐 典型例题分析

【例 5-1】 利用定积分的几何意义求 $\int_0^a \sqrt{a^2 - x^2}\,\mathrm{d}x$(常数 $a > 0$).

解:根据定积分的几何意义,知:定积分 $\int_0^a \sqrt{a^2 - x^2}\,\mathrm{d}x$ 表示圆 $y = \sqrt{a^2 - x^2}$ 在第一象限部分与 x 轴、y 轴所围成的 $\dfrac{1}{4}$ 圆面积.

所以,$\int_0^a \sqrt{a^2 - x^2}\,\mathrm{d}x = \dfrac{1}{4}\pi a^2$.

【例 5-2】 估计下列定积分的值:

(1) $\int_1^{\sqrt{3}} x \arctan x\,\mathrm{d}x$ (2) $\int_0^2 \mathrm{e}^{x^2 - x}\,\mathrm{d}x$

解:使用定积分的性质之一"估值定理"解决.

(1) 设 $f(x) = x \arctan x$,则 $f'(x) = \arctan x + x \cdot \dfrac{1}{1+x^2}$.

当 $x \in [1, \sqrt{3}]$ 时,$f'(x) > 0$,所以 $f(x)$ 在 $[1, \sqrt{3}]$ 上是单调增函数.

又 $f(1) = 1 \cdot \arctan 1 = \dfrac{\pi}{4}$, $f(\sqrt{3}) = \sqrt{3} \cdot \arctan \sqrt{3} = \dfrac{\sqrt{3}\pi}{3}$, 即

$$\frac{(\sqrt{3} - 1)\pi}{4} \leqslant \int_1^{\sqrt{3}} x \arctan x \, \mathrm{d}x \leqslant \frac{(3 - \sqrt{3})\pi}{3}.$$

(2) 设 $f(x) = \mathrm{e}^{x^2 - x}$, 则 $f'(x) = (2x - 1)\mathrm{e}^{x^2 - x}$.

令 $f'(x) = 0, x = \dfrac{1}{2}$; 又 $f(0) = 1, f(2) = \mathrm{e}^2, f\left(\dfrac{1}{2}\right) = \mathrm{e}^{-\frac{1}{4}}$, 所以函数 $f(x)$ 在区间 $[0,$ 2] 上的最大值是 e^2, 最小值是 $\mathrm{e}^{-\frac{1}{4}}$. 即

$$2\mathrm{e}^{-\frac{1}{4}} \leqslant \int_0^2 \mathrm{e}^{x^2 - x} \, \mathrm{d}x \leqslant 2\mathrm{e}^2.$$

【例 5 - 3】 求下列变上限函数的导数:

(1) $\displaystyle\int_1^x \frac{t}{1 + t^2} \, \mathrm{d}t$　　　　　　　(2) $\displaystyle\int_x^3 \sin \mathrm{e}^{-t} \, \mathrm{d}t$

(3) $\displaystyle\int_{x^2}^0 x \cos t^2 \, \mathrm{d}t$　　　　　　　(4) $\displaystyle\int_x^{\sin x} (1 + t^2) \, \mathrm{d}t$

解: 根据变上限函数的性质和推广公式可得:

(1) $\left(\displaystyle\int_1^x \dfrac{t}{1 + t^2} \, \mathrm{d}t\right)' = \dfrac{x}{1 + x^2}$.

(2) $\left(\displaystyle\int_x^3 \sin \mathrm{e}^{-t} \, \mathrm{d}t\right)' = \left(-\displaystyle\int_3^x \sin \mathrm{e}^{-t} \, \mathrm{d}t\right)' = -\sin \mathrm{e}^{-x}$.

(3) $\left(\displaystyle\int_{x^2}^0 x \cos t^2 \, \mathrm{d}t\right)' = \left(-x\displaystyle\int_0^{x^2} \cos t^2 \, \mathrm{d}t\right)' = -\displaystyle\int_0^{x^2} \cos t^2 \, \mathrm{d}t - x\left(\displaystyle\int_0^{x^2} \cos t^2 \, \mathrm{d}t\right)'$

$$= -\int_0^{x^2} \cos t^2 \, \mathrm{d}t - 2x^2 \cos x^4.$$

(4) $\left[\displaystyle\int_x^{\sin x} (1 + t^2) \, \mathrm{d}t\right]' = (1 + \sin^2 x)(\sin x)' - (1 + x^2)x'$

$$= (1 + \sin^2 x)\cos x - 1 - x^2.$$

【例 5 - 4】 求 $\displaystyle\lim_{x \to 0} \dfrac{\displaystyle\int_0^x t\ln(1 - 2t) \, \mathrm{d}t}{x^2 \sin 2x}$.

解: 此极限为 $\dfrac{0}{0}$ 型未定式, 可使用罗必达法则.

$$\lim_{x \to 0} \frac{\displaystyle\int_0^x t\ln(1 - 2t) \, \mathrm{d}t}{x^2 \sin 2x} = \lim_{x \to 0} \frac{\displaystyle\int_0^x t\ln(1 - 2t) \, \mathrm{d}t}{x^2 \cdot 2x} = \lim_{x \to 0} \frac{x\ln(1 - 2x)}{6x^2}$$

$$= \lim_{x \to 0} \frac{x(-2x)}{6x^2} = -\frac{1}{3}.$$

【例 5 - 5】 计算 $\displaystyle\int_{-1}^1 \left(\dfrac{x^3 \sin^2 x}{1 + x^4} + \mathrm{e}^{-x}\right) \mathrm{d}x$.

解: 因为函数 $\dfrac{x^3 \sin^2 x}{1 + x^4}$ 是 $[-1, 1]$ 上的奇函数, 所以

$$\int_{-1}^1 \left(\frac{x^3 \sin^2 x}{1 + x^4} + \mathrm{e}^{-x}\right) \mathrm{d}x = 0 + \int_{-1}^1 \mathrm{e}^{-x} \, \mathrm{d}x = -\mathrm{e}^{-x} \bigg|_{-1}^1 = \frac{\mathrm{e}^2 - 1}{\mathrm{e}}.$$

【例 5 - 6】 求下列定积分：

(1) $\int_0^2 |x - 1| \, dx$　　　　　　(2) $\int_1^4 \dfrac{1}{x(1 + \sqrt{x})} \, dx$

(3) $\int_0^2 \dfrac{1}{x^2 + 2x + 2} \, dx$　　　　(4) $\int_1^e x \ln x \, dx$

解：(1) $\int_0^2 |x - 1| \, dx = \int_0^1 (1 - x) \, dx + \int_1^2 (x - 1) \, dx = 1 - \dfrac{x^2}{2} \Big|_0^1 + \dfrac{x^2}{2} \Big|_1^2 - 1 = 1.$

(2) 令 $x = t^2 (t > 0)$，则 $dx = 2t \, dt$，且当 $x = 1$ 时，$t = 1$；当 $x = 4$ 时，$t = 2.$

$$\int_1^4 \dfrac{1}{x(1 + \sqrt{x})} \, dx = \int_1^2 \dfrac{1}{t^2(1 + t)} \cdot 2t \, dt = 2 \int_1^2 \dfrac{1}{t(1 + t)} \, dt$$

$$= 2 \big[\ln t - \ln(1 + t) \big] \Big|_1^2 = 2 \ln \dfrac{4}{3}.$$

(3) $\int_0^2 \dfrac{1}{x^2 - 2x + 2} \, dx = \int_0^2 \dfrac{1}{(x - 1)^2 + 1} \, d(x - 1) = \arctan(x - 1) \Big|_0^2 = \dfrac{\pi}{2}.$

(4) $\int_1^e x \ln x \, dx = \int_1^e \ln x \, d\left(\dfrac{x^2}{2}\right) = \dfrac{x^2}{2} \cdot \ln x \Big|_1^e - \int_1^e \dfrac{x}{2} \, dx = \dfrac{e^2}{2} - \dfrac{x^2}{4} \Big|_1^e = \dfrac{e^2 + 1}{4}.$

【例 5 - 7】 计算下列广义积分：

(1) $\int_0^{+\infty} x e^{-2x} \, dx$　　　　　　(2) $\int_1^2 \dfrac{1}{x \sqrt{x - 1}} \, dx$

解：(1) $\int_0^{+\infty} x e^{-2x} \, dx = \lim\limits_{b \to +\infty} \int_0^b x e^{-2x} \, dx = -\dfrac{1}{2} \lim\limits_{b \to +\infty} \int_0^b x \, d(e^{-2x})$

$$= \lim\limits_{b \to +\infty} \left(-\dfrac{1}{2} x e^{-2x}\right) \Big|_0^b + \dfrac{1}{2} \lim\limits_{b \to +\infty} \int_0^b e^{-2x} \, dx$$

$$= \lim\limits_{b \to +\infty} \left(-\dfrac{1}{2} \dfrac{b}{e^{2b}}\right) - \dfrac{1}{4} \lim\limits_{b \to +\infty} e^{-2x} \Big|_0^b$$

$$= \dfrac{1}{4}.$$

(2) 令 $x = t^2 + 1 (t \geqslant 0)$，即 $\sqrt{x - 1} = t$，$dx = 2t \, dt.$

当 $x = 1$ 时，$t = 0$；当 $x = 2$ 时，$t = 1.$ 所以

$$\int_1^2 \dfrac{1}{x \sqrt{x - 1}} \, dx = \int_0^1 \dfrac{2}{t^2 + 1} \, dt = 2 \arctan t \Big|_0^1 = \dfrac{\pi}{2}.$$

【例 5 - 8】 求抛物线 $y^2 = 2x$ 与该曲线在点 $\left(\dfrac{1}{2}, 1\right)$ 处的法线所围成的平面图形的面积.

分析：根据定积分的几何意义，求解平面图形的面积的一般步骤如下：① 作出草图；② 选择恰当的积分变量和积分区间；③ 代入相应公式；④ 计算定积分.

解：对 $y^2 = 2x$ 两边对 x 求导，得：$2y \cdot y' = 2$，则 $f'\left(\dfrac{1}{2}\right) = 1.$

由导数的几何意义知：$k = -\dfrac{1}{f'\left(\dfrac{1}{2}\right)} = -1$，法线方程为：$y - 1 = -\left(x - \dfrac{1}{2}\right)$，即

$$y = -x + \dfrac{3}{2}.$$

联立方程组 $\begin{cases} y^2 = 2x; \\ y = -x + \dfrac{3}{2}, \end{cases}$ 得抛物线与法线的交点坐标为 $\left(\dfrac{1}{2}, 1\right)$ 和 $\left(\dfrac{9}{2}, -3\right)$.

根据抛物线方程和法线方程作图(见图 5-1).

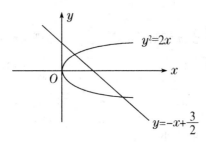

图 5-1　求围成平面图形面积

从图形可知,应选择 y 作为积分变量,相应的积分区间为 $[-3, 1]$,代入公式,得:

$$A = \int_{-3}^{1} \left[\left(\frac{3}{2} - y \right) - \frac{y^2}{2} \right] \mathrm{d}y$$
$$= \left(\frac{3}{2} y - \frac{y^2}{2} - \frac{y^3}{6} \right) \Big|_{-3}^{1} = \frac{16}{3}$$

【例 5-9】 求曲线 $xy = a(a > 0)$ 与直线 $x = a$、$x = 2a$ 及 x 轴所围成图形分别绕 x 轴、y 轴旋转所得旋转体的体积 V_x、V_y.

解： 此平面图形为 X-型曲边梯形,所以

$$V_x = \pi \int_{a}^{2a} \left(\frac{a}{x} \right)^2 \mathrm{d}x = \pi a^2 \int_{a}^{2a} x^{-2} \mathrm{d}x = -\pi a^2 \cdot x^{-1} \Big|_{a}^{2a} = \frac{1}{2} \pi a$$

$$V_y = \pi \int_{\frac{1}{2}}^{1} \left[\left(\frac{a}{y} \right)^2 - a^2 \right] \mathrm{d}x + \pi \int_{0}^{\frac{1}{2}} (4a^2 - a^2) \mathrm{d}y = 2\pi a^2$$

【例 5-10】 设 $f(x) = \dfrac{1}{1+x^2} + \sqrt{1-x^2} \int_{0}^{1} f(x) \mathrm{d}x$,求 $f(x)$ 与 $\int_{0}^{1} f(x) \mathrm{d}x$.

分析： 利用定积分是一个确定的数值,也是解题的一个重要手段.

解： 令 $\int_{0}^{1} f(x) \mathrm{d}x = A$,则 $f(x) = \dfrac{1}{1+x^2} + A\sqrt{1-x^2}$.

两边同时积分,得

$$A = \int_{0}^{1} f(x) \mathrm{d}x = \int_{0}^{1} \frac{1}{1+x^2} \mathrm{d}x + A \int_{0}^{1} \sqrt{1-x^2} \mathrm{d}x$$
$$= \arctan x \Big|_{0}^{1} + A \cdot \frac{\pi}{4} \cdot 1^2 = \frac{\pi}{4} + \frac{\pi}{4} \cdot A,$$

所以 $A = \dfrac{\pi}{4 - \pi}$,即

$$f(x) = \frac{1}{1+x^2} + \frac{\pi}{4-\pi} \sqrt{1-x^2},$$

$$\int_{0}^{1} f(x) \mathrm{d}x = \frac{\pi}{4-\pi}.$$

练习题

§5.1 练习题

一、选择题

1. 设 $f(x)$ 为 $[a,b]$ 上的连续函数, $[a,b] \supseteq [c,d]$,则下列命题中正确的是　　（　　）

    A. $\displaystyle\int_a^b f(x)\mathrm{d}x = \int_a^b f(t)\mathrm{d}t$
        B. $\displaystyle\int_a^b f(x)\mathrm{d}x \leqslant \int_a^b f(t)\mathrm{d}t$

    C. $\displaystyle\int_a^b f(x)\mathrm{d}x \geqslant \int_c^d f(x)\mathrm{d}x$
        D. 无法比较大小

2. 比较 $\displaystyle\int_0^1 x^2\mathrm{d}x$ 与 $\displaystyle\int_0^1 x^3\mathrm{d}x$ 的大小　　　　　　　　　　（　　）

    A. $\displaystyle\int_0^1 x^2\mathrm{d}x > \int_0^1 x^3\mathrm{d}x$
        B. $\displaystyle\int_0^1 x^2\mathrm{d}x \leqslant \int_0^1 x^3\mathrm{d}x$

    C. $\displaystyle\int_0^1 x^2\mathrm{d}x = \int_0^1 x^3\mathrm{d}x$
        D. $\displaystyle\int_0^1 x^2\mathrm{d}x < \int_0^1 x^3\mathrm{d}x$

3. 根据定积分的几何意义判断 $\displaystyle\int_0^{\frac{\pi}{2}} \sin x\mathrm{d}x$ 的正负是　　　　　　（　　）

    A. $\displaystyle\int_0^{\frac{\pi}{2}} \sin x\mathrm{d}x \leqslant 0$
        B. $\displaystyle\int_0^{\frac{\pi}{2}} \sin x\mathrm{d}x < 0$

    C. $\displaystyle\int_0^{\frac{\pi}{2}} \sin x\mathrm{d}x \geqslant 0$
        D. $\displaystyle\int_0^{\frac{\pi}{2}} \sin x\mathrm{d}x = 0$

4. $\displaystyle\int_{-2}^0 2x\mathrm{d}x = $ _____ .　　　　　　　　　　　　　　（　　）

    A. 4　　　　　　　　B. 0　　　　　　　　C. 2　　　　　　　　D. -4

二、填空题

1. 比较大小: $\displaystyle\int_3^4 \ln x\mathrm{d}x$ _____ $\displaystyle\int_3^4 (\ln x)^2\mathrm{d}x$.

2. 已知 $\displaystyle\int_0^7 f(x)\mathrm{d}x = 3, \int_4^7 f(x)\mathrm{d}x = 5$,则 $\displaystyle\int_0^4 f(x)\mathrm{d}x = $ _____ .

3. 一曲边梯形由曲线 $y = 2x^3 + 3$, x 轴以及 $x = -1, x = 2$ 所围成. 写出用定积分表示该曲边梯形面积 S 的表达式_____.

4. 一物体以速度 $v(t) = \dfrac{1}{3}t + 2$ 作直线运动,写出在时间间隔 $[0,3]$ 内该物体所走过的路程 s 的定积分表达式_____.

三、解答题

1. 求由曲线 $y = x^3$,直线 $x = 0, x = 2$ 以及 $y = 0$ 所围成的曲边梯形的面积.

2. 用定积分的几何意义求下列定积分的值：

(1) $\displaystyle\int_{-1}^{3} 2\mathrm{d}x$

(2) $\displaystyle\int_{0}^{2} x\mathrm{d}x$

(3) $\displaystyle\int_{0}^{3} \sqrt{9-x^2}\,\mathrm{d}x$

(4) $\displaystyle\int_{-2\pi}^{0} \sin x\mathrm{d}x$

3. 估计下列定积分的值：

(1) $\displaystyle\int_{-1}^{3} (x^2+1)\mathrm{d}x$

(2) $\displaystyle\int_{\frac{1}{2}}^{1} \arcsin x\mathrm{d}x$

(3) $\displaystyle\int_{3}^{6} \frac{x}{1+x}\mathrm{d}x$

四、选做题

1. 求定积分的值：$\displaystyle\int_{-a}^{a} x[f(x)+f(-x)]\mathrm{d}x.$

2. 已知 $f(x)$ 为连续函数，且 $f(x) = x^3 + 2\int_0^1 f(x)\mathrm{d}x$，求 $\int_0^1 f(x)\mathrm{d}x$.

§5.2 练习题

一、选择题

1. 设 $f(x)$ 为连续函数，则下列命题中正确的是　　　　　　（　　）

    A. $\dfrac{\mathrm{d}}{\mathrm{d}x}\int f(x)\mathrm{d}x = f(x)$ 　　　　　　　　B. $\dfrac{\mathrm{d}}{\mathrm{d}x}\int_a^b f(x)\mathrm{d}x = f(x)$

    C. $\dfrac{\mathrm{d}}{\mathrm{d}x}\int_a^x f(t)\mathrm{d}t = f(t)$ 　　　　　　　D. $\int_a^b f'(x)\mathrm{d}x = f(x)$

2. 下列积分不为零的是　　　　　　　　　　　　　　　　（　　）

    A. $\int_{-\pi}^{\pi} \cos x\mathrm{d}x$ 　　　　　　　　　　　B. $\int_{-\frac{\pi}{2}}^{\frac{\pi}{2}} \sin x\cos x\mathrm{d}x$

    C. $\int_{-\frac{\pi}{4}}^{\frac{\pi}{4}} \dfrac{x}{1+\cos x}\mathrm{d}x$ 　　　　　　　D. $\int_{-\frac{\pi}{4}}^{\frac{\pi}{3}} \sin x\mathrm{d}x$

3. 下列等式成立的是　　　　　　　　　　　　　　　　　（　　）

    A. $\int_0^x t^2\mathrm{d}t = \dfrac{1}{3}x^3 + C$ 　　　　　　　B. $\int_0^x \sin t\mathrm{d}t = 1 - \cos x$

    C. $\int_0^x a^t\mathrm{d}t = a^x\ln a\,(a>0\ \text{且}\ a\neq 1)$ 　　D. $\int_0^x \arctan t\mathrm{d}t = \dfrac{1}{1+x^2}$

4. 若 $f(x)$ 为连续函数，则 $\dfrac{\mathrm{d}}{\mathrm{d}x}\left[\int_x^a f(t)\mathrm{d}t\right] =$　　　　（　　）

    A. $f(x)$ 　　　　　　　　　　　　　　B. $-f'(x)$

    C. $-xf(x)$ 　　　　　　　　　　　　D. $-f(x)$

二、填空题

1. $\int_0^1 (2^x + \sqrt[3]{x})\mathrm{d}x = $ _____.

2. $\int_1^4 \dfrac{1}{\sqrt{x}}e^{\sqrt{x}}\mathrm{d}x = $ _____.

3. $\int_0^{\frac{\pi}{4}} \sin^2 x\cos x\mathrm{d}x = $ _____.

4. $\dfrac{\mathrm{d}}{\mathrm{d}x}\int_x^4 \dfrac{t\mathrm{e}^t}{1+\sin t}\mathrm{d}t = $ _____. (思考：$\dfrac{\mathrm{d}}{\mathrm{d}x}\int_0^x \dfrac{x}{1+t}\mathrm{d}t = ?$)

5. $\dfrac{\mathrm{d}}{\mathrm{d}x}\displaystyle\int_{x^2}^{0}\dfrac{1}{\sqrt{1+t^2}}\mathrm{d}t =$ _____.

三、解答题

1. 求下列定积分：

(1) $\displaystyle\int_{-1}^{5}\dfrac{x^2-3x-4}{x+1}\mathrm{d}x$

(2) $\displaystyle\int_{0}^{2}(3x^2-x+1)\mathrm{d}x$

(3) $\displaystyle\int_{1}^{2}\left(x^2+\dfrac{1}{x^2}\right)\mathrm{d}x$

(4) $\displaystyle\int_{1}^{4}\mid x-2\mid\mathrm{d}x$

(5) $\displaystyle\int_{0}^{\frac{1}{2}}\dfrac{\mathrm{d}x}{\sqrt{1-x^2}}$

2. 求下列函数的导数：

(1) $f(x)=\displaystyle\int_{0}^{x^2}\dfrac{t\cdot\sin t}{1+\cos^2 t}\mathrm{d}t$

(2) $f(x)=\displaystyle\int_{\sin x}^{\cos x}\sqrt{1-t^2}\mathrm{d}t\,(\pi\leqslant x\leqslant\dfrac{3}{2}\pi)$

3. 已知 $f(x) = \begin{cases} x^2 & (x \leqslant 0) \\ 2-x & (x > 0) \end{cases}$，求 $\int_{-2}^{4} f(x)\,dx$.

四、选做题

1. 若设 $f(x) = \dfrac{d}{dx}\int_0^x \sin(t-x)\,dt$，则必有 　　　　　　　（　　）

　　A. $f(x) = -\sin x$ 　　　　　　　　　B. $f(x) = -1 + \cos x$

　　C. $f(x) = \sin x$ 　　　　　　　　　　D. $f(x) = 1 - \sin x$

2. 计算定积分 $\int_{-2}^{3} |x^2 - 2x - 3|\,dx$.

§5.3 练习题

一、选择题

1. $I = \int_0^a x^3 f(x^2)\,dx\ (a > 0)$，则 $I =$ 　　　　　　　　　　（　　）

　　A. $\int_0^{a^2} x f(x)\,dx$ 　　　　　　　　　B. $\int_0^a x f(x)\,dx$

　　C. $\dfrac{1}{2}\int_0^{a^2} x f(x)\,dx$ 　　　　　　　D. $\dfrac{1}{2}\int_0^a x f(x)\,dx$

2. 设 $f(x)$ 为连续函数，且 $F(x) = \int_x^{\ln x} f(t)\,dt$，则 $F'(x) =$ 　　（　　）

　　A. $\dfrac{1}{x}f(\ln x) + f(x)$ 　　　　　　　B. $\dfrac{1}{x}f(\ln x) - f(x)$

　　C. $f(\ln x) + f(x)$ 　　　　　　　　　D. $f(\ln x) - f(x)$

3. 设 $M = \int_{-\frac{\pi}{2}}^{\frac{\pi}{2}} \dfrac{\sin x}{1+x^2}\cos^4 x\,dx$，$N = \int_{-\frac{\pi}{2}}^{\frac{\pi}{2}} (\sin^3 x + \cos^4 x)\,dx$，$P = \int_{-\frac{\pi}{2}}^{\frac{\pi}{2}} (x^2\sin^3 x - \cos^4 x)\,dx$，则 　　　　　　　　　　　　　　　　　　　　　　　　（　　）

A. $N < P < M$ B. $M < P < N$

C. $N < M < P$ D. $P < M < N$

4. 下面结论正确的是   (　　)

A. 若 $[a,b] \subseteq [c,d]$，则必有 $\int_a^b f(x)\mathrm{d}x \geqslant \int_c^d f(x)\mathrm{d}x$

B. 若 $|f(x)|$ 可积，则必有 $f(x)$ 可积

C. 若 $f(x)$ 是周期函数，周期为 T，则对于任意实数 a 都有 $\int_a^{a+T} f(x)\mathrm{d}x = \int_0^T f(x)\mathrm{d}x$

D. 若 $f(x)$ 在 $[a,b]$ 上可积，则 $f(x)$ 在 (a,b) 内必有原函数

二、填空题

1. $\int_0^{\sqrt{3}a} \dfrac{1}{a^2 + x^2}\mathrm{d}x = $ _____.

2. $\int_0^\pi \sin x \cos x \, \mathrm{d}x = $ _____.

3. $\dfrac{\mathrm{d}}{\mathrm{d}x} \int_0^{x^2} f(t)\mathrm{d}t = $ _____.

4. $\int_1^4 \dfrac{1}{x + \sqrt{x}}\mathrm{d}x = $ _____.

三、解答题

1. 用分部积分法求解下列定积分：

(1) $\int_0^1 x \arctan x \, \mathrm{d}x$ (2) $\int_0^{\frac{\pi}{3}} x \sin \dfrac{x}{2} \, \mathrm{d}x$

(3) $\int_{\frac{1}{e}}^e \ln x \, \mathrm{d}x$ (4) $\int_{\frac{\pi}{4}}^{\frac{\pi}{2}} \dfrac{x}{\sin^2 x} \, \mathrm{d}x$

2. 用换元法求解下列定积分：

(1) $\displaystyle\int_0^1 \frac{e^x}{1+e^x}dx$

(2) $\displaystyle\int_0^{2\sqrt{2}} \frac{x}{x^2+1}dx$

(3) $\displaystyle\int_0^{\sqrt{2}} \sqrt{2-x^2}\,dx$

(4) $\displaystyle\int_1^5 \frac{\sqrt{x-1}}{x}dx$

(5) $\displaystyle\int_1^4 \frac{x\,dx}{\sqrt{2+4x}}$

(6) $\displaystyle\int_{\frac{\pi}{6}}^{\frac{\pi}{4}} \cos^2 x\,dx$

3. 求下列定积分：

(1) $\displaystyle\int_0^1 \frac{\sqrt{x}}{2-\sqrt{x}}dx$

(2) $\displaystyle\int_{-1}^1 \frac{1}{x^2+4x+5}dx$

(3) $\int_0^1 \dfrac{1}{e^x + e^{-x}} dx$

(4) $\int_0^{\frac{\pi}{2}} \cos^3 x \sin 2x \, dx$

4. 利用函数的奇偶性求下列定积分：

(1) $\int_{-5}^5 \dfrac{x^3 \cos x}{1 + x^2} dx$

(2) $\int_{-1}^1 \dfrac{x^2 \arctan x}{3x^4 + 1} dx$

(3) $\int_{-1}^1 |x| \, dx$

(4) $\int_{-1}^1 \dfrac{2 + \sin^3 x}{1 + x^2} dx$

四、选做题

1. 计算下列极限：

(1) $\lim\limits_{x \to 0} \dfrac{\int_0^x \sin 2t \, dt}{x}$

(2) $\lim\limits_{x \to 0} \dfrac{\int_0^x (1 + t)^{\frac{1}{t}} dt}{x}$

2. 已知 $f(x)$ 为连续函数，求 $\int_{-1}^{1} x^3 \left[f(x) + f(-x) + x \right] \mathrm{d}x$.

§5.4 练习题

一、选择题

1. 若广义积分 $\int_{1}^{+\infty} \dfrac{1}{x^p} \mathrm{d}x$ 收敛，则 p 应满足 （ ）

    A. $0 < p < 1$ B. $p > 1$ C. $p < -1$ D. $p < 0$

2. 若瑕积分 $\int_{0}^{1} \dfrac{1}{x^p} \mathrm{d}x$ 收敛，则 p 应满足 （ ）

    A. $p > 1$ B. $p > 0$ C. $p < 1$ D. $p < -1$

二、填空题（判断下列广义积分的敛散性）

1. 广义积分 $\int_{0}^{+\infty} \sin x \, \mathrm{d}x$ _____.

2. 广义积分 $\int_{1}^{+\infty} \dfrac{1}{x^2} \mathrm{d}x$ _____.

3. 广义积分 $\int_{1}^{+\infty} \sqrt{x} \, \mathrm{d}x$ _____.

4. 广义积分 $\int_{e}^{+\infty} \dfrac{\ln x}{x} \mathrm{d}x$ _____.

三、解答题

1. 判断下列广义积分的敛散性，若收敛则计算广义积分的值：

(1) $\displaystyle\int_{-\infty}^{1} \dfrac{1}{(2x-3)^2} \mathrm{d}x$ (2) $\displaystyle\int_{1}^{+\infty} \dfrac{1}{\sqrt{x}} \mathrm{d}x$

(3) $\displaystyle\int_0^{+\infty} x\mathrm{e}^{-x}\mathrm{d}x$

(4) $\displaystyle\int_{-\infty}^{+\infty} \frac{1}{x^2+2x+2}\mathrm{d}x$

(5) $\displaystyle\int_0^2 \frac{1}{(1-x)^2}\mathrm{d}x$

(6) $\displaystyle\int_0^{+\infty} \frac{1-\ln x}{x^2}\mathrm{d}x$

(7) $\displaystyle\int_0^1 \frac{x}{\sqrt{1-x^2}}\mathrm{d}x$

2. 讨论广义积分 $\displaystyle\int_a^{+\infty} \frac{1}{x^p}\mathrm{d}x\,(a>0)$ 的敛散性(提示:参考选择题第 1 题).

四、选做题

1. 求瑕积分 $\displaystyle\int_0^1 \ln\frac{1}{1-x^2}\mathrm{d}x$.

2. 已知 $\displaystyle\int_{-\infty}^0 \frac{k}{1+x^2}\mathrm{d}x = \frac{1}{2}$,求常数 k 的值.

§5.5 练习题

一、选择题

设 $y=f(x)$ 为 $[a,b]$ 上的连续函数,则曲线 $y=f(x),x=a,x=b$ 及 x 轴所围成的曲边梯形面积为 （　　）

A. $\displaystyle\int_a^b f(x)\mathrm{d}x$ 　　　　　　　　　 B. $\left|\displaystyle\int_a^b f(x)\mathrm{d}x\right|$

C. $\displaystyle\int_a^b |f(x)|\,\mathrm{d}x$ 　　　　　　　　　 D. $-\displaystyle\int_a^b f(x)\mathrm{d}x$

二、填空题

设连续曲线 $y_1=f_1(x),y_2=f_2(x)$,直线 $x=a$ 与 $x=b(a<b)$ 围成封闭平面图形,则此平面图形绕 x 轴旋转一周所得的旋转体体积 $V_x=$ _____.

三、解答题

1. 求由曲线 $y=x^3,y=x^{\frac{1}{3}}$ 所围成的封闭图形的面积.

2. 求由曲线 $y = x^2 - 2x - 3$ 与 $x = -2, x = 4$ 以及 x 轴围成的平面图形的面积.

3. 求由曲线 $y^2 - 2y - x + 2 = 0$ 与直线 $y = x$ 围成的封闭图形绕 y 轴旋转一周所得的旋转体的体积.

四、选做题

1. 过点 $P(1,0)$ 作抛物线 $y = \sqrt{x-2}$ 的切线, 求: (1) 切线方程; (2) 由抛物线、切线以及 x 轴围成的平面图形的面积; (3) 让该平面图形分别绕 x 轴、y 轴旋转一周所得旋转体的体积.

2. 从原点作抛物线 $f(x) = x^2 - 2x + 4$ 的两条切线, 由这两条切线与抛物线所围成的图形记为 S, 求: (1) S 的面积; (2) 图形 S 绕 x 轴一周所得的旋转体的体积.

第五章自测题

一、选择题(每小题 3 分,共 24 分)

1. $\int_{-1}^{4} |1-x| \, \mathrm{d}x =$ (   )

   A. $\int_{-1}^{1} (x-1)\mathrm{d}x + \int_{1}^{4} (1-x)\mathrm{d}x$ B. $\int_{-1}^{1} (1-x)\mathrm{d}x + \int_{1}^{4} (x-1)\mathrm{d}x$

   C. $\int_{-1}^{4} (x-1)\mathrm{d}x$ D. $\int_{-1}^{4} (1-x)\mathrm{d}x$

2. 下列式子中不正确的是   (   )

   A. $\int_{a}^{b} \mathrm{d}x = b-a$ B. $\int_{a}^{a} f(x)\mathrm{d}x = 0$

   C. $\int_{a}^{b} kf(x)\mathrm{d}x = k\int_{a}^{b} f(x)\mathrm{d}x$ D. $\int_{a}^{b} f(x)\mathrm{d}x = \int_{b}^{a} f(x)\mathrm{d}x$

3. 下列式子中正确的是   (   )

   A. $\int_{0}^{1} \mathrm{e}^{x}\mathrm{d}x \leqslant \int_{0}^{1} \mathrm{e}^{-x}\mathrm{d}x$ B. $\int_{1}^{2} \ln x\mathrm{d}x \leqslant \int_{1}^{2} \ln^{2} x\mathrm{d}x$

   C. $\int_{1}^{2} x\mathrm{d}x \leqslant \int_{1}^{2} x^{2}\mathrm{d}x$ D. $\int_{0}^{1} x^{2}\mathrm{d}x \leqslant \int_{0}^{1} x^{3}\mathrm{d}x$

4. $\int_{-\infty}^{0} \mathrm{e}^{ax}\mathrm{d}x = \dfrac{1}{2}$,则 $a=$ (   )

   A. 1   B. $\dfrac{1}{2}$ C. 2   D. -2

5. $\int_{1}^{+\infty} \dfrac{\mathrm{d}x}{x\sqrt{x}} =$ (   )

   A. 1   B. 2   C. -2 D. $+\infty$

6. 设在 $[a,b]$ 上 $f(x)>0$,$f'(x)<0$,$f''(x)>0$,令 $y_1 = \int_{a}^{b} f(x)\mathrm{d}x$,$y_2 = f(b)(b-a)$,

$y_3 = \dfrac{1}{2}[f(a)+f(b)](b-a)$,则   (   )

   A. $y_1 < y_2 < y_3$ B. $y_2 < y_1 < y_3$

   C. $y_3 < y_1 < y_2$ D. $y_2 < y_3 < y_1$

7. 极限 $\lim\limits_{x \to 0} \dfrac{\int_{0}^{x} \sin t^{2}\mathrm{d}t}{x^{3}}$ 等于   (   )

   A. $\dfrac{1}{3}$ B. 1   C. $\dfrac{1}{4}$ D. $\dfrac{1}{2}$

8. 下列广义积分中收敛的是   (   )

   A. $\int_{1}^{+\infty} \sqrt{x}\mathrm{d}x$ B. $\int_{1}^{+\infty} \dfrac{\mathrm{d}x}{x}$

   C. $\int_{1}^{+\infty} \dfrac{\mathrm{d}x}{\sqrt{x}}$ D. $\int_{1}^{+\infty} \dfrac{\mathrm{d}x}{\sqrt{x^{3}}}$

二、填空题(每小题 3 分,共 12 分)

1. $\int_{-\frac{\pi}{4}}^{\frac{\pi}{4}} \frac{x \tan^2 x}{1+x^2} dx =$ _____.

2. $\int_{-\frac{\pi}{2}}^{\frac{\pi}{2}} (\sqrt[3]{x} + \cos x) dx =$ _____.

3. $\int_{-\frac{\pi}{2}}^{\pi} |\sin x| dx =$ _____.

4. 已知 $f(x) = \int_0^x \frac{t}{\sqrt{4-t^2}} dt$,则 $f'(1) =$ _____.

三、解答题(第 1 题 8 分、第 2 题 16 分、第 3 ~ 7 题各 5 分,第 8 题 15 分,共 64 分)

1. 计算极限:

(1) $\lim\limits_{x \to 0} \dfrac{x - \int_0^x e^{t^2} dt}{x^2 \sin x}$

(2) $\lim\limits_{x \to 0} \dfrac{\int_0^{x^2} t^{\frac{3}{2}} dt}{\int_0^x t(t - \sin t) dt}$

2. 计算定积分:

(1) $\int_0^1 2x \arctan 3x \, dx$

(2) $\int_{\frac{\pi}{6}}^{\frac{\pi}{4}} \dfrac{\cos x}{1 - \cos 2x} dx$

(3) $\int_1^e \dfrac{1}{x\sqrt{1 - (\ln x)^2}} dx$

(4) $\int_0^1 \dfrac{\arcsin \sqrt{x}}{\sqrt{x(1-x)}} dx$

3. 设 $f(x) = \begin{cases} \dfrac{1}{1+x^2}, & (x \geqslant 0); \\ \dfrac{1}{1+e^x}, & (x < 0), \end{cases}$ 求定积分 $\displaystyle\int_1^3 f(x-2)\mathrm{d}x$.

4. 研究函数 $f(x) = \displaystyle\int_0^x \dfrac{\mathrm{d}t}{1+t^2}$ 的单调性.

5. 已知 xe^x 为 $f(x)$ 的一个原函数，求 $\displaystyle\int_0^1 xf'(x)\mathrm{d}x$.

6. 求由曲线 $y = \ln(x+1)$ 在 $(0,0)$ 处的切线与抛物线 $y = x^2 - 2$ 围成的平面图形的面积.

7. 求由曲线 $y=2-x^2$，$y=x(x \geqslant 0)$ 与直线 $x=0$ 所围成的平面图形绕 x 轴旋转一周所成的旋转体的体积.

8. 设有抛物线 $y=4x-x^2$，问：

（1）抛物线上哪一点处的切线平行于 x 轴?写出切线方程；

（2）求由抛物线与其水平切线及 y 轴围成的平面图形的面积；

（3）求该平面图形绕 x 轴旋转所成的旋转体体积.

综合练习

综合练习一

一、**选择题**（本大题共 7 小题，每小题 3 分，满分 21 分）

1. 函数 $y = \sqrt{9 - x^2} + \lg \sin x$ 的定义域为 （　　）

   A. $(0, 3)$ B. $(0, \pi)$

   C. $(0, 3]$ D. $(0, \pi]$

2. 若 $f'(x_0) = 0$，则 x_0 是 $f(x)$ 的 （　　）

   A. 极大值点   B. 极小值点

   C. 最大值点   D. 驻点

3. 若 $x \to 0$ 时，$e^{\cos x} - e$ 与 x^n 是同阶无穷小，则常数 n 的值为 （　　）

   A. 0   B. 1

   C. 2   D. 3

4. 函数 $f(x) = x^3 + 2x$ 在区间 $[0, 1]$ 上满足拉格朗日定理，则定理中的 ζ 的值为

   （　　）

   A. $\pm \dfrac{1}{\sqrt{3}}$ B. $\dfrac{1}{\sqrt{3}}$

   C. $-\dfrac{1}{\sqrt{3}}$ D. $\sqrt{3}$

5. 函数 $y = x - \ln x$ 的单调递减区间是 （　　）

   A. $(0, 1)$ B. $(1, +\infty)$

   C. $(-\infty, +\infty)$ D. $(0, +\infty)$

6. $\left(\displaystyle\int e^{-\sqrt{x}} \mathrm{d}x \right)' = $ （　　）

   A. $e^{-\sqrt{x}}$ B. $e^{-\sqrt{x}} + C$

   C. $-e^{-\sqrt{x}}$ D. $-\dfrac{1}{2} e^{-\sqrt{x}} \dfrac{1}{\sqrt{x}}$

7. 已知函数 $F(x) = \displaystyle\int_0^{x \sin x} (e^t + 1) \mathrm{d}t$，则 $F'(x) = $ （　　）

   A. $e^{x \sin x} + 1$ B. $(e^{x \sin x} + 1) x \sin x$

   C. $(e^{x \sin x} + 1)(\sin x + x \cos x)$ D. e^t

二、**填空题**（本大题共 7 小题，每小题 3 分，满分 21 分）

8. 设 $f(x)$ 的定义域是 $[1, 2]$，则 $f\left(\dfrac{1}{x+1} \right)$ 的定义域是_____.

9. 极限 $\lim\limits_{x \to 0} \dfrac{\cos x - \cos 2x}{x^2}$ 的值为 _____.

10. 设函数 $f(x) = \begin{cases} e^x + 1, & x < 0; \\ x + a, & x \geqslant 0, \end{cases}$ 在 $(-\infty, +\infty)$ 上连续，则常数 $a =$ _____.

11. 抛物线 $y = 2x - x^2$ 在点 $(1,1)$ 处的切线方程是 _____.

12. 极限 $\lim\limits_{x \to 0} \left(1 - \dfrac{x}{3}\right)^{\frac{1}{x}}$ 的值为 _____.

13. 广义积分 $\int_0^a \dfrac{\mathrm{d}x}{x^p} \,(a > 0)$，当 _____ 时收敛；当 _____ 时发散.

14. 已知 $f(x)$ 的一个原函数是 xe^x，则 $\int xf'(x)\mathrm{d}x =$ _____.

三、**解答题**（本大题共 6 小题，每小题 7 分，满分 42 分）

15. 设函数 $f(x)$ 定义在 **R** 上，满足：$\forall x \in \mathbf{R}$ 有 $2f(x) + f(1-x) = x^2$，试求 $f(x)$ 的表达式.

16. 求曲线 $y = -x + \sqrt{x^2 + 1}$ 的水平渐近线方程.

17. 计算极限：$\lim\limits_{x \to 0} \dfrac{\int_0^x (e^t + e^{-t} - 2)\mathrm{d}t}{1 - \cos x}$.

18. 设 $e^y + xy = e$，求 $\dfrac{d^2 y}{dx^2}\bigg|_{x=0}$．

19. 计算极限：$\lim\limits_{n\to\infty}\left(\dfrac{1}{n+1} + \dfrac{1}{n+2} + \cdots + \dfrac{1}{n+n}\right)$．

20. 计算广义积分：$\displaystyle\int_e^{+\infty} \dfrac{dx}{x(\ln x)^2}$．

四、综合题（本大题共 2 小题，每小题 8 分，满分 16 分）

21. 证明不等式：当 $x > e$ 时，$\dfrac{\ln(1+x)}{\ln x} > \dfrac{x}{1+x}$．

22. 讨论函数 $f(x) = \lim\limits_{n \to \infty} \dfrac{x^n}{1 + x^n}$ 在 $[0, +\infty]$ 上的连续性.

综合练习二

一、选择题(本大题共 7 小题,每小题 3 分,满分 21 分)

1. 设 $f(x) = \dfrac{1}{\sqrt{3-x}} + \lg(x-2)$,则 $f(x)$ 的定义域为 　　　　(　)

   A. $(2,3)$ 　　　　B. $(2,3]$ 　　　　C. $[2,3]$ 　　　　D. $[2,3)$

2. 极限 $\lim\limits_{x \to 0} \dfrac{2\sqrt{1+x\sin x}-2}{e^{x^2}-1} =$ 　　　　　　(　)

   A. 0 　　　　　　B. 1 　　　　　　C. 2 　　　　　D. 不存在

3. 设 $f(x) = \begin{cases} x^2-1, & x<0; \\ x, & 0 \leqslant x < 1; \\ 2-x, & 1 < x \leqslant 2, \end{cases}$ 则 $f(x)$ 在 　　(　)

   A. $x=0$ 是可去间断点,$x=1$ 是跳跃间断点

   B. $x=0$ 处间断,$x=1$ 处连续

   C. $x=0,x=1$ 处都连续

   D. $x=0$ 是跳跃间断点,$x=1$ 是可去间断点

4. 若 $y = \sin(2^x)$,则 $\mathrm{d}y =$ 　　　　　　　　(　)

   A. $\cos(2^x)$ 　　　　　　　　　　B. $\cos(2^x)\mathrm{d}x$

   C. $\ln 2 \cdot \cos(2^x) \cdot 2^x$ 　　　　D. $\ln 2 \cdot \cos(2^x) \cdot 2^x \mathrm{d}x$

5. 曲线 $y = \dfrac{2x-1}{(x-1)^2}$ 的垂直渐近线方程为 　　　　(　)

   A. $x=1$ 　　　B. $x=\dfrac{1}{2}$ 　　　C. $y=1$ 　　　D. $y=\dfrac{1}{2}$

6. 设 $f(x) = \sin x - x^2$,$g(x) = x$,当 $x \to 0$ 时, 　　　(　)

   A. $f(x)$ 是比 $g(x)$ 高阶的无穷小量

   B. $f(x)$ 是比 $g(x)$ 低阶的无穷小量

   C. $f(x)$ 是与 $g(x)$ 同阶的无穷小量,但不等价的无穷小量

   D. $f(x)$ 是与 $g(x)$ 等价的无穷小量

7. 下列广义积分收敛的是 　　　　　　　　　(　)

   A. $\displaystyle\int_1^{+\infty} x\,\mathrm{d}x$ 　　　　　　B. $\displaystyle\int_1^{+\infty} x^2\,\mathrm{d}x$

   C. $\displaystyle\int_1^{+\infty} \dfrac{1}{x^2}\,\mathrm{d}x$ 　　　　D. $\displaystyle\int_1^{+\infty} \dfrac{1}{x}\,\mathrm{d}x$

二、填空题(本大题共 7 小题,每小题 3 分,满分 21 分)

8. $\lim\limits_{n \to \infty}\left[\sqrt{2} \cdot \sqrt[4]{2} \cdots \sqrt[2^n]{2}\right] = $ _____.

9. 已知 $\begin{cases} x = \sin(t^2-1); \\ y = t^2 e^{\cos t}, \end{cases}$ 则 $\dfrac{\mathrm{d}y}{\mathrm{d}x} = $ _____.

10. 已知点 $(1,3)$ 为函数 $y = ax^3 + bx^2 + x$ 的拐点,则 $a = $ _____,$b = $ _____.

11. $\displaystyle\int_{-3}^{3} \sqrt{9-x^2}\,\mathrm{d}x = $ _____.

12. 设连续函数 $f(x)$ 满足 $\displaystyle\int_{0}^{x^3-1} f(t)\,\mathrm{d}t = x$,则 $f(7) = $ _____.

13. 设 e^{2x} 是 $f(x)$ 的一个原函数,则 $\displaystyle\int xf(x)\,\mathrm{d}x = $ _____.

14. 定积分 $\displaystyle\int_{-1}^{1} \frac{x^4 \sin^3 x + 4}{1+x^2}\,\mathrm{d}x = $ _____.

三、解答题(本大题共 6 小题,每小题 7 分,满分 42 分)

15. 已知 $2f(x^2) + f\left(\dfrac{1}{x^2}\right) = x(x>0)$,求 $f(x)$.

16. 讨论曲线 $\begin{cases} x = t^2 + 1; \\ y = 4t - t^2, \end{cases}$ $(t \geqslant 0)$ 的凹凸性.

17. 证明方程 $x\mathrm{e}^x - 2 = 0$ 至少有一个小于 1 的正根.

18. 求 $\lim\limits_{n \to \infty}\left(\dfrac{1}{\sqrt{4n^2 - 1^2}} + \dfrac{1}{\sqrt{4n^2 - 2^2}} + \cdots + \dfrac{1}{\sqrt{4n^2 - n^2}}\right).$

19. 计算 $\displaystyle\int \dfrac{\mathrm{d}x}{x\sqrt{2 - \ln^2 x}}.$

20. 求由 $y = \ln^2 x, x = 1, x = \mathrm{e}$ 以及 x 轴所围成的图形的面积.

四、综合题(本大题共 2 小题,每小题 8 分,满分 16 分)

21. 设函数 $y = y(x)$ 由方程 $x^y = y^x$ 所确定,试求 $\mathrm{d}y.$

22. 设 $f(x) = \begin{cases} \dfrac{\sqrt{1+x^2}+x-1}{x}, & x > 0; \\ 1, & x = 0; \\ \dfrac{2}{x^2}\displaystyle\int_0^x \sin t\,\mathrm{d}t, & x < 0, \end{cases}$ 讨论函数 $f(x)$ 在 $x = 0$ 处的连续性与可导性.

综合练习三

一、选择题(本大题共 7 小题,每小题 3 分,满分 21 分)

1. 设 $f(x) = \arcsin(3 - x^2) + \sqrt{\log_{\frac{1}{2}}(2 - x)}$,则 $f(x)$ 的定义域为 （　）

   A. $[\sqrt{2}, 2]$ 　　　　　　　　　　　B. $(\sqrt{2}, 2)$

   C. $[\sqrt{2}, 2)$ 　　　　　　　　　　　D. $[-2, -\sqrt{2}] \bigcup [\sqrt{2}, 2)$

2. 极限 $\lim\limits_{x \to 0} \dfrac{2^{\sin^2 x} - 1}{e^{x^2} - 1}$ 的值为 （　）

   A. 1 　　　　　B. ln2 　　　　　C. 2 　　　　　D. 不存在

3. 设 $f(x) = \begin{cases} x^2 - 1, & x \leqslant 0; \\ x\ln x, & x > 0, \end{cases}$ 则 $x = 0$ 是 $f(x)$ 的 （　）

   A. 跳跃间断点 　　　　　　　　　　　B. 可去间断点

   C. 第二类间断点 　　　　　　　　　　D. 连续点

4. 函数 $f(x) = x^2$ 在 $[1, 2]$ 上满足拉格朗日中值定理条件的 ζ 是 （　）

   A. 1 　　　　　B. $\dfrac{3}{2}$ 　　　　　C. 2 　　　　　D. 不存在

5. 若直线 $y = 27$ 是函数 $f(x) = \dfrac{(x + 1)^7(ax + 1)^3}{(x + 3)^{10}}$ 的一条水平渐近线,则 a 的值为

   （　）

   A. 0 　　　　　B. 1 　　　　　C. 2 　　　　　D. 3

6. 已知 $f(x) = 2^{ax} - 1$ 与 x 为 $x \to 0$ 时的等价无穷小,则 a 的值为 （　）

   A. $\dfrac{1}{\ln 2}$ 　　　　　B. ln2 　　　　　C. 2 　　　　　D. $\dfrac{1}{2}$

7. 曲线 $y = \ln x - x^2$ 的凸区间是 （　）

   A. $(0, +\infty)$ 　　　　　　　　　　　B. $(0, 1)$

   C. $(1, +\infty)$ 　　　　　　　　　　　D. $(-\infty, 0) \bigcup (0, +\infty)$

二、填空题(本大题共 7 小题,每小题 3 分,满分 21 分)

8. 极限 $\lim\limits_{n \to \infty}(\sqrt{n^2 + n} - \sqrt{n^2 + 1})$ 的值为 _____.

9. $\dfrac{d}{dx}\left(\displaystyle\int_0^2 x^2 dx\right) = $ _____.

10. 设函数 $f(x) = \begin{cases} \dfrac{e^{\tan x} - 1}{\arcsin \dfrac{x}{2}}, & x > 0; \\ ae^{2x}, & x \leqslant 0, \end{cases}$ 在 $x = 0$ 处连续,则常数 a 的值为 _____.

11. 设 $\begin{cases} x = \ln(1 + t^2); \\ y = 1 - \arctan t, \end{cases}$ 则 $\dfrac{dy}{dx} = $ _____.

12. 极限 $\lim\limits_{x \to \pi} \dfrac{e^{\pi} - e^x}{\sin 5x - \sin 3x}$ 的值为 _____.

13. 已知 $\ln x$ 是 $f(x)$ 的一个原函数,则 $\int x f(x) \mathrm{d}x = $ _____.

14. 利用积分估值定理,估计定积分 $\int_0^2 \mathrm{e}^{x^2-x} \mathrm{d}x$ 的范围是 _____.

三、解答题(本大题共 6 小题,每小题 7 分,满分 42 分)

15. 已知 $y = \left(\dfrac{x}{1+x}\right)^x$,试求 $\dfrac{\mathrm{d}y}{\mathrm{d}x}$.

16. 求由 $y = \dfrac{1}{2}x^2$ 与 $x^2 + y^2 = 8$ 围成且位于 $y = \dfrac{1}{2}x^2$ 上方的图形的面积.

17. 设函数 $f(x)$ 在 $[0,1]$ 上连续,且满足 $f(x) = x - 3x^2 \displaystyle\int_0^1 f(x)\mathrm{d}x$,求 $f(x)$ 的表达式.

18. 已知函数 $f(x) = \begin{cases} \mathrm{e}^x, & x > 0; \\ 3x^2 + 1, & x \leqslant 0, \end{cases}$ 求 $\displaystyle\int_1^3 f(x-2)\mathrm{d}x$.

19. 计算不定积分：$\int \dfrac{1+\cos^2 x}{1+\cos 2x}\mathrm{d}x$.

20. 计算瑕积分：$\displaystyle\int_0^{e} x\ln x\,\mathrm{d}x$.

四、综合题(本大题共 2 小题，每小题 8 分，满分 16 分)

21. 求函数 $f(x)=\displaystyle\int_0^{x^2}(2-t)\mathrm{e}^{-t}\mathrm{d}t$ 的最大值和最小值.

22. 找出函数 $f(x)=\dfrac{2^{\frac{1}{x}}-1}{2^{\frac{1}{x}}+1}$ 的间断点，并判断间断点的类型.

综合练习四

一、选择题(本大题共 7 小题,每小题 3 分,满分 21 分)

1. 若函数 $f(x)$ 的定义域是 $[3,8]$,则 $f(x^2-1)$ 的定义域是   ( )

    A. $[2,3]$ B. $[-3,-2]$

    C. 一切实数   D. $[-3,-2] \bigcup [2,3]$

2. 已知 $\lim\limits_{x\to\infty} x f\left(\dfrac{2}{x}\right) = 2$,则 $\lim\limits_{x\to 0} \dfrac{f(x)}{x}$ 值为   ( )

    A. $\dfrac{1}{2}$ B. 1 C. $\dfrac{3}{2}$ D. 2

3. 函数 $y = x^2$ 在 $[1,4]$ 上满足拉格朗日中值定理条件的 ζ 是   ( )

    A. 5 B. $-\dfrac{5}{2}$ C. $\dfrac{5}{2}$ D. $\pm\dfrac{5}{2}$

4. 设函数 $f(x) = ax^3 - x^2 - x - 1$ 在 $x = 1$ 处取得极值,则 a 的值为   ( )

    A. 1 B. 0 C. $\dfrac{1}{3}$ D. $-\dfrac{1}{3}$

5. 若变上限函数 $y = \int_0^x \sin 2t\, \mathrm{d}t$,则 $y'\left(\dfrac{\pi}{6}\right) =$ ( )

    A. $\dfrac{\sqrt{3}}{4}$ B. 0 C. $\dfrac{\sqrt{3}}{2}$ D. $\dfrac{1}{2}$

6. $\int \left(\dfrac{1}{1+x} + 1\right) \mathrm{d}(\sqrt{x}) =$ ( )

    A. $\ln|1+x| + \sqrt{x} + C$ B. $\arctan\sqrt{x} + \sqrt{x} + C$

    C. $\arcsin x + \sqrt{x} + C$ D. $\arctan x + \dfrac{1}{\sqrt{x}} + C$

7. 当 $x \to \pi$ 时,比较 $\sin x$ 与 x 的阶   ( )

    A. $\sin x$ 是 x 等价无穷小   B. $\sin x$ 是 x 的低阶无穷小

    C. $\sin x$ 是 x 的高阶无穷小   D. 无法比较 $\sin x$ 与 x 的阶

二、填空题(本大题共 7 小题,每小题 3 分,满分 21 分)

8. 极限 $\lim\limits_{x\to\infty} \dfrac{x - \sin x}{x^3}$ 的值为 _____.

9. 已知 $f(x) = \begin{cases} 1, & |x| \leqslant 1; \\ 0, & |x| > 1, \end{cases}$ 则 $f(f(x)) =$ _____.

10. 设 $x \to 0$ 时,$f(x) = \mathrm{e}^x - \dfrac{1+ax}{1+bx}$,为 x^3 同阶无穷小,则 $a =$ _____,$b =$ _____.

11. 已知函数 $f(x) = \begin{cases} \mathrm{e}^{mx}, & x \leqslant 0; \\ x^2 + n, & x > 0, \end{cases}$ 为连续函数,则 n 的值为 _____.

12. 曲线 $y = 1 + \dfrac{3x}{x^2 + 2}$ 的水平渐进线方程为 _____.

13. 函数 $f(x) = x - \sin x$ 在 $\left[-\dfrac{\pi}{2}, \dfrac{\pi}{2}\right]$ 上的拐点为_____.

14. 利用估值定理估计定积分 $\displaystyle\int_0^1 e^{x^2} \mathrm{d}x$ 的值的范围是_____.

三、解答题(本大题共 6 小题,每小题 7 分,满分 42 分)

15. 计算极限:$\displaystyle\lim_{x \to 0} \cot x \left(\dfrac{1}{\sin x} - \dfrac{1}{x}\right)$.

16. 计算极限:$\displaystyle\lim_{n \to 0} \dfrac{1}{n}\left(\sin \dfrac{1}{n}\pi + \sin \dfrac{2}{n}\pi + \cdots + \sin \dfrac{n-1}{n}\pi\right)$.

17. 设函数 $y = y(x)$ 由方程 $2^{xy} = x + y$ 所确定,求 $\mathrm{d}y$.

18. 求由参数方程 $\begin{cases} x = 3 + 2t + \arctan t; \\ y = 2 - 3t + \ln(1 + t^2), \end{cases}$ 确定的曲线在 $t = 0$ 处的切线方程.

19. 计算不定积分：$\int x\mathrm{e}^{\sqrt{x}}\mathrm{d}x$.

20. 已知 $f(x) = \begin{cases} \cos x, & x \leqslant 0; \\ x\mathrm{e}^x, & x > 0, \end{cases}$ 求 $\int_{-3}^{-1} f(x+2)\mathrm{d}x$.

四、综合题(本大题共 2 小题，每小题 8 分，满分 16 分)

21. 指出函数 $f(x) = \lim\limits_{n \to \infty} \dfrac{x^{2n}-1}{x^{2n}+1}x$ 间断点的类型.

22. 证明不等式：$\ln(1+x) \geqslant \dfrac{\arctan x}{1+x}(x \geqslant 0)$.

综合练习五

一、选择题(本大题共 7 小题,每小题 3 分,满分 21 分)

1. 若函数 $f(x)$ 的定义域是 $\left[\dfrac{1}{8},\dfrac{1}{3}\right]$,则 $f\left(\dfrac{1}{x^2-1}\right)$ 的定义域是　　　　　　　　(　)

　　A. $[2,3]$　　　　　　　　　　　　B. $[-3,-2]$

　　C. 一切实数　　　　　　　　　　D. $[-3,-2]\bigcup[2,3]$

2. 已知 $f(2x)$ 与 x^2 为 $x\to 0$ 时的等价无穷小,则 $\lim\limits_{x\to 0}\dfrac{f(x)}{x^2}$ 的值为　　　(　)

　　A. 1　　　　　B. $\dfrac{1}{2}$　　　　　C. $\dfrac{1}{3}$　　　　　D. $\dfrac{1}{4}$

3. 函数 $f(x)=x^4$ 在 $[0,1]$ 上满足拉格朗日中值定理条件的 ζ 是　　　　　　(　)

　　A. $\pm\dfrac{1}{\sqrt[3]{4}}$　　　　　B. $\dfrac{1}{\sqrt[3]{4}}$　　　　　C. $-\dfrac{1}{\sqrt[3]{4}}$　　　　　D. 1

4. 函数 $f(x)=\dfrac{x^3}{3}-x$ 的单调增加区间为　　　　　　　　　　　　(　)

　　A. $(-\infty,-1)$　　　　　　　　B. $(-1,1)$

　　C. $(1,+\infty)$　　　　　　　　　D. $(-\infty,-1)$ 和 $(1,+\infty)$

5. 定积分 $\displaystyle\int_{-1}^{1}|x|\,\mathrm{d}x$ 的值为　　　　　　　　　　　　　　　　(　)

　　A. 0　　　　　B. $\dfrac{1}{2}$　　　　　C. 1　　　　　D. 2

6. 曲线 $f(x)=\dfrac{x-1}{\ln x-1}$ 的垂直渐进线的方程为　　　　　　　　　　(　)

　　A. $x=1$　　　　B. $y=1$　　　　C. $y=\mathrm{e}$　　　　D. $x=\mathrm{e}$

7. 若变上限函数 $y=\displaystyle\int_{0}^{x}\cos 2t\,\mathrm{d}t$,则 $y'\left(\dfrac{\pi}{3}\right)=$　　　　　　　(　)

　　A. $-\dfrac{\sqrt{3}}{2}$　　　　B. $-\dfrac{1}{2}$　　　　C. $\dfrac{\sqrt{3}}{2}$　　　　D. $\dfrac{1}{2}$

二、填空题(本大题共 7 小题,每小题 3 分,满分 21 分)

8. 已知 $\lim\limits_{x\to\infty}\dfrac{x^{2008}}{x^k-(x-1)^k}=A\,(A\neq 0,$ 且 $A\neq\infty)$,则 $A=$ _____ , $k=$ _____.

9. 若函数 $f(x)=\begin{cases}(1-ax)^{\frac{1}{x}}, & x\neq 0;\\ 2, & x=0,\end{cases}$ 在 $x=0$ 处连续,则 a 的值为 _____.

10. 设曲线方程为 $x+\ln y=1$,则此曲线在 $x=0$ 处的切线方程为 _____.

11. 广义积分 $\displaystyle\int_{a}^{+\infty}\dfrac{1}{x^p}\mathrm{d}x\,(a>0)$,当 _____ 时收敛,当 _____ 时发散.

12. 已知 $\sin 2x$ 是 $f(x)$ 的一个原函数,则 $f'(x)=$ _____.

13. 极限 $\lim\limits_{x\to 0}(1-\tan x)^{\cot x}$ 的值为 _____.

14. 已知 $f(x) = \begin{cases} x^2, & x > 0; \\ x+1, & x \leqslant 0, \end{cases}$ 则定积分 $\int_{-1}^{1} f(x)\mathrm{d}x$ 的值为_____.

三、解答题(本大题共 6 小题,每小题 7 分,满分 42 分)

15. 计算极限:$\lim\limits_{x \to \frac{\pi}{2}} \dfrac{\tan x}{\tan 3x}$.

16. 计算极限:$\lim\limits_{n \to \infty} \left(\dfrac{n}{n^2+1^2} + \dfrac{n}{n^2+2^2} + \cdots + \dfrac{n}{n^2+n^2} \right)$.

17. 若设 $\lim\limits_{x \to \infty} \left(\dfrac{1+x}{x} \right)^{ax} = \int_{-\infty}^{a} t\mathrm{e}^t \mathrm{d}t$,求 a 的值.

18. 设函数 $y = y(x)$ 由方程 $\ln\sqrt{x^2+y^2} = \arctan\dfrac{y}{x}$ 所确定,求 $\dfrac{\mathrm{d}y}{\mathrm{d}x}$.

19. 问 a 为何值时,函数 $f(x) = a\sin x + \dfrac{1}{3}\sin 3x$ 在 $x = \dfrac{\pi}{3}$ 处取极值?是极大值还是极小值?并求此值?

20. 计算不定积分:$\displaystyle\int \dfrac{e^x}{2 + e^{2x}}dx.$

四、综合题(本大题共 2 小题,每小题 8 分,满分 16 分)

21. 证明:当 $x \geqslant 1$ 时,$\ln x > \dfrac{2(x-1)}{x+1}.$

22. 求 $\displaystyle\int_0^1 \ln\dfrac{1}{1-x^2}dx$ 的值.

练习题、自测题和综合练习答案

§1.1 练习题

一、选择题

1. B 2. D 3. B 4. D

二、填空题

1. $x > -2$ 且 $x \neq 0$ 2. 1 3. $\left[\dfrac{1}{10}, 10\right]$ 4. $y = 1 + e^{2\arcsin x}$ 5. 5

三、解答题

1. $\left[-\dfrac{1}{2}, 0\right]$ 2. $\left[-\sin\dfrac{1}{2}, \sin\dfrac{1}{2}\right]$ 3. $f[f(x)] = \dfrac{x}{1-2x}, f\{f[f(x)]\} = \dfrac{x}{1-3x}$

4. $f(0) = 1, f(2) = 4, f(x-1) = \begin{cases} 2^{x-1}, & x > 2 \\ x, & x \leq 2 \end{cases}$ 5. 略

四、选做题

1. $f(x) = \begin{cases} (x-1)^2, & 1 \leq x \leq 2; \\ 2(x-1), & 2 < x \leq 3. \end{cases}$ 2. $\varphi(x) = \begin{cases} 1, & 0 \leq x < 1; \\ 0, & \text{其他.} \end{cases}$

§1.2 练习题

一、选择题

1. D 2. C 3. D 4. A 5. CD

二、填空题

1. 0；0 2. $0; \dfrac{1}{f(x)}$ 3. 1 4. 充分必要条件 5. -3

三、解答题

1. 1 2. $x \to 0$ 时，极限不存在；$x \to 1$ 时，为 2；$x \to 2$ 时，为 1 3. (1) 当 $a = 0$ 且 $b = 1$ 时，$f(x)$ 为无穷小量 (2) 当 $a \neq 0$ 而 $b \in \mathbf{R}$ 时，$f(x)$ 为无穷大量 4. 不存在

四、选做题

$\dfrac{n(n+1)}{2}$

§1.3 练习题

一、判断题

1. √ 2. × 3. × 4. ×

二、填空题

1. -5 2. 3 3. 2 4. -2

三、解答题

1. (1) 0　(2) 1　(3) $\dfrac{1}{2}$　(4) 3　(5) $\dfrac{1}{2}$　(6) $\left(\dfrac{3}{2}\right)^{10}$　2. $f(x)=x^3+\dfrac{2x^2+1}{x+1}-5$

四、选做题

1

§1.4 练习题

一、选择题

1. C　2. C　3. B　4. D

二、填空题

1. $\dfrac{2}{3}$　2. 3　3. e^{-2}　4. $\dfrac{1}{2}$

三、解答题

1. 2　2. e^{2a}　3. 1　4. 1

四、选做题

9

§1.5 练习题

一、判断题

1. ×　2. ×　3. ×

二、填空题

1. 同阶　2. $m=1,n=1$　3. $\dfrac{3}{2}$　4. 2　5. x

三、计算题

1. 2　2. $\alpha-\beta$　3. e^{β}　4. $\dfrac{1}{8}$

四、选做题

略

§1.6 练习题

一、选择题

1. C　2. D　3. C　4. C

二、填空题

1. $\dfrac{2}{\pi},\dfrac{1}{2}$　2. $[0,1)\bigcup(1,2]$　3. $a=1$　4. $(1,2)$和$(2,3)$

三、解答题

1. $a=2,b=3$　2. 间断点 $x=1$ 跳跃,间断点 $x=2$ 第二类;连续区间为$(-\infty,1)\bigcup$
$(1,2)\bigcup(2,+\infty)$　3. 略　4. 略

四、选做题

1. $y=f[\varphi(x)]$在$(-\infty,+\infty)$上连续　2. $f(x)$的连续区间是$[0,1)\bigcup(1,+\infty)$

第一章自测题

一、选择题

1．B　2．C　3．D　4．D　5．D　6．A　7．A　8．A

二、填空题

1．$\dfrac{x}{1-2x}$　2．0;1;1;0　3．3　4．$a=b$,且 c 为任意实数　5．-3　6．$e^{-\frac{1}{2}}$　7．2

8．$\left(\dfrac{3}{2}\right)^4$

三、解答题

1．$\left[\dfrac{1}{4},\dfrac{3}{4}\right]$　2．$f(-x)=\begin{cases} x^2+4, & x\leqslant0 \\ -x^3, & x>0 \end{cases}$　3．0　4．$a=-1,b=5$　5．e^{-1}　6．

$a=2,b=1$　7．$(-\infty,0)\bigcup(0,1)\bigcup(1+\infty)$,$x=1$ 为跳跃间断点,$x=0$ 为第二间断点　8．
略

§2.1 练习题

一、选择题

1．D　2．C　3．A　4．A　5．A

二、填空题

1．不存在　2．$2f'(x_0)$　3．$a=2;b=-1$　4．$y-\dfrac{\sqrt{2}}{2}=\dfrac{\sqrt{2}}{2}\left(x-\dfrac{\pi}{4}\right)$;$y-\dfrac{\sqrt{2}}{2}=$

$-\sqrt{2}\left(x-\dfrac{\pi}{4}\right)$　5．2

三、解答题

1．(1) $4x^3$　(2) $\dfrac{2}{3}x^{-\frac{1}{3}}$　(3) $\dfrac{7}{6}x^{\frac{1}{6}}$　2．略　3．(2,4)

四、选做题

$b^2=4a^6$（与 x 轴相切,则切点纵坐标为 0,且切点处斜率 $k=0$,从而得出方程求解）

§2.2 练习题

一、选择题

1．A　2．B　3．C　4．D　5．C

二、填空题

1．$\dfrac{2x\cos x-\sin x(1-x^2)}{(1-x^2)^2}$　2．$f'(x)\sin x+f(x)\cos x$　3．$3x^2+x^3\ln3$　4．6　5．

$a=\dfrac{1}{2};b=\dfrac{3}{2}$

三、解答题

1. $f'(x) = \begin{cases} \dfrac{\cos x}{x} - \dfrac{\sin x}{x^2}, & x<0; \\ \text{不存在}, & x=0; \\ 1, & x>0. \end{cases}$ 2. $y' = 4x - 4x^3$（先求得 $f[f(x)] = 1 - f(x)^2 =$

$1 - (1-x^2)^2$），$y'(1) = 0$ 3. $f'(0) = 1$ 4. (1) $y' = \dfrac{7}{8} x^{-\frac{1}{8}}$ (2) $y' = 15x^2 - 2^x \ln 2 + 3e^x$

(3) $y' = 2x\ln x + x$ (4) $y' = 2x\ln x\cos x + x\cos x - x^2\ln x\sin x$ (5) $S' = \dfrac{1 + \sin t + \cos t}{(1 + \cos t)^2}$

四、选做题

$f'(1) = -1$（令 $\dfrac{1}{x} = t$，求得 $f(t) = \dfrac{1}{t^2} + t + 1$，得出 $f(x) = \dfrac{1}{x^2} + x + 1$，进而求解）

§2.3 练习题

一、选择题

1. C   2. B   3. C   4. D   5. C

二、填空题

1. $2^{2x}\ln 2$ 2. $-\dfrac{1}{x^2}e^{\frac{1}{x}}\cos e^{\frac{1}{x}}$ 3. $\cos\{f[\sin f(x)]\}f'[\sin f(x)]\cos[f(x)]f'(x)$ 4.

$\dfrac{\sin\frac{1}{e}}{e}$ 5. $-e^{\cos x}\sin x$

三、解答题

1. (1) $y' = 3e^{3x}\cot e^{3x}$ (2) $\dfrac{6\ln(\ln^3 x)\ln^2 x}{x\ln^3 x}$ 2. (1) $f'(x) = F'(\sin x)\cos x -$

$F'(\cos x)\sin x$ (2) $f'(x) = \dfrac{F'(\ln x)}{x}$ (3) $f'(x) = \dfrac{2xF'(x^2)}{F(x^2)}$ 3. $y' = f'(e^x)e^x e^{f(x)} +$

$f(e^x)e^{f(x)}f'(x)$

四、选做题

$\dfrac{d}{dx}f(x^2) = f'(x^2)2x = \dfrac{1}{x}$ 得出 $f'(x^2) = \dfrac{1}{2x^2}$，所以 $f'(x) = \dfrac{1}{2x}$.

§2.4 练习题

一、选择题

1. D   2. A   3. B

二、填空题

1. $y - \dfrac{x}{2} - \sqrt{5} = 0$ 2. $\dfrac{1}{2}$ 3. $[e^{(e^{x-1})} + 3]e^{x-1}$ 4. $\dfrac{y}{y+1}$ 5. $-\dfrac{y}{x}$

三、解答题

1. (1) $y' = \dfrac{y}{y-x}$ (2) $y' = \dfrac{x^2 - ay}{ax - y^2}$ (3) $y' = \dfrac{e^y}{1 - xe^y}$ 2. (1) $\ln y = \dfrac{2}{5}\ln x -$

$\dfrac{3}{5}\ln(1+x^2)$；$y'=\left(\dfrac{2}{5x}-\dfrac{6x}{5(1+x^2)}\right)\sqrt[5]{\dfrac{x^2}{(1+x^2)^3}}$　　（2）令 $f(x)=x^{\sqrt{x}}$，$\ln f(x)=\ln x^{\sqrt{x}}=$

$\sqrt{x}\ln x$，$f'(x)=\dfrac{\ln x+2}{2\sqrt{x}}x^{\sqrt{x}}$；$y'=\cos x+\dfrac{\ln x+2}{2\sqrt{x}}x^{\sqrt{x}}$

四、选做题

对方程两边同时求导：$y^2=(1-xy)y'$，进而得证.

§2.5 练习题

一、选择题

1. D　2. D　3. B　4. C

二、填空题

1. $\dfrac{3b}{2a}t$　2. $\dfrac{1-\sqrt{3}}{1+\sqrt{3}}$　3. $y+2\sqrt{2}x-2=0$　4. $\dfrac{\tan t}{\sec t}$

三、解答题

1. $\dfrac{\mathrm{d}y}{\mathrm{d}x}=-\dfrac{b}{a}\tan t$　2. $\dfrac{\mathrm{d}y}{\mathrm{d}x}=-\dfrac{1}{2t(1+t)^2}$　3. $\dfrac{\mathrm{d}y}{\mathrm{d}x}=\dfrac{f(t)+tf'(t)-f'(t)}{f'(t)}$

四、选做题

$\dfrac{\mathrm{d}y}{\mathrm{d}x}=\dfrac{2t}{1-t^2}$，切线斜率 $k=\dfrac{\mathrm{d}y}{\mathrm{d}x}\big|_{t=2}=-\dfrac{4}{3}$，切线方程为：$y-\dfrac{12a}{5}=-\dfrac{4}{3}\left(x-\dfrac{6a}{5}\right)$；法线方

程为：$y-\dfrac{12a}{5}=\dfrac{3}{4}\left(x-\dfrac{6a}{5}\right)$.

§2.6 练习题

一、选择题

1. D　2. C　3. C　4. B　5. A

二、填空题

1. 2　2. $\mathrm{e}^{\cos x}(\sin^2 x-\cos x)$　3. $a^x\ln^2 a+a(a-1)x^{a-2}$　4. $\dfrac{f''(\ln x)-xf'(\ln x)}{x^3}$

5. $-4\mathrm{e}^x\cos x$

三、解答题

1.（1）$y'=\ln x+1$；$y''=\dfrac{1}{x}$　（2）$y''=(x-2)\mathrm{e}^{-x}$　（3）$y'=\dfrac{1}{\sqrt{1+x^2}}$；$y''=$

$-\dfrac{x}{(1+x^2)\sqrt{1+x^2}}$　2.（1）$\dfrac{\mathrm{d}^2 y}{\mathrm{d}x^2}=\dfrac{1}{t^3}$　（2）$\dfrac{\mathrm{d}^2 y}{\mathrm{d}x^2}=\dfrac{4}{9}\mathrm{e}^{3t}$　3.（1）$\dfrac{\mathrm{d}y}{\mathrm{d}x}=-\dfrac{b^2}{a^2}\dfrac{x}{y}$；$\dfrac{\mathrm{d}^2 y}{\mathrm{d}x^2}=$

$-\dfrac{b^2}{a^2}\dfrac{y-xy'}{y^2}$　（2）$\dfrac{\mathrm{d}y}{\mathrm{d}x}=\dfrac{x}{y}$；$\dfrac{\mathrm{d}^2 y}{\mathrm{d}x^2}=\dfrac{y-xy'}{y^2}$

四、选做题

$y'=2x\ln x+x$；$y''=2\ln x+3$；$y'''=2x^{-1}$；$y^{(4)}=-\dfrac{2}{x^2}=-2x^{-2}$；　$y^{(5)}=2\cdot 2!\ x^{-3}$；

$y^{-6}=(-1)^3 2\cdot 3!\ x^{-4}$；归纳得出：$y^n=(-1)^{n-3}2\cdot(n-3)!\ x^{-(n-2)}$ $(n\geqslant 3)$.

§2.7 练习题

一、选择题

1. B　2. B　3. A　4. D　5. B

二、填空题

1. $\dfrac{\sin\dfrac{1}{x}-\cos\dfrac{1}{x}}{x^2}$　2. $f'(e^x)e^x dx$　3. $\dfrac{y-e^y}{x e^y-x}dx$　4. （1）$2x$　（2）$-\dfrac{\cos\omega x}{\omega}$

（3）$\dfrac{\tan 3x}{3}$　（4）$2\sqrt{x}$

三、解答题

1. （1）$dy=-2e^{\cos 2x}\sin 2x\, dx$　（2）$dy=-15(3x+2)^{-6}dx$　（3）$dy=-e^x\tan e^x dx$　2.

（1）$\dfrac{e^y}{1-x e^y}dx$　（2）$\dfrac{e^x-y}{x-e^y}dx$

四、选做题

$dT=\dfrac{\pi}{\sqrt{gl}}dl$；$\dfrac{\sqrt{gl}dT}{\pi}=dl\approx\Delta l$；所以 $\Delta l\approx\dfrac{\sqrt{gl}dT}{\pi}=\dfrac{\sqrt{980\times 20}\times 0.05}{\pi}=\dfrac{7}{\pi}$　即摆长约需

要加长 $\dfrac{7}{\pi}$ cm.

第二章自测题

一、选择题

1. D　2. A　3. C　4. A　5. D　6. A　7. B　8. B

二、填空题

1. $(3x^2+x^3\ln 3)$　2. 0　3. $f'(e^x)e^x dx$　4. 1　5. $n!$　6. $\dfrac{1}{\sec^2 y-1}dx$　7. -4　8.

$2x+y-2=0$；$y-\dfrac{x}{2}-2=0$

三、解答题

1. 由 $\ln y=x\ln\tan$，则 $\dfrac{y'}{y}=\ln\tan x+\dfrac{x\sec^2 x}{\tan x}$，即

$$y'=(\ln\tan x+\dfrac{x\sec^2 x}{\tan x})(\tan x)^x（对数求导法）$$

2. $-1=1+a+b$；由 $y=-1+xy^3$ 得出切线斜率 $k=-\dfrac{1}{2}$；$y=x^2+ax+b$ 在 $(1,-1)$ 处

切线的斜率 $k=-\dfrac{1}{2}=y'|_{x=1}=(2x+a)|_{x=1}=2+a$，

得出 $a=-\dfrac{5}{2}$，$b=\dfrac{1}{2}$

3. $\dfrac{dy}{dx}=\cos f(x^2)f'(x^2)2x$，则

$$\dfrac{d^2 y}{dx^2}=-4x^2\sin f(x^2)\big[f'(x^2)\big]^2+\cos f(x^2)f''(x^2)4x^2+2\cos f(x^2)f'(x^2)$$

4. $\dfrac{\mathrm{d}y}{\mathrm{d}x} = 3t(1+t)$

5. $y' = \mathrm{e}^{\sin x}\cos x$

$y'' = \mathrm{e}^{\sin x}\cos^2 x + \mathrm{e}^{\sin x}(-\sin x)$

$y''' = \mathrm{e}^{\sin x}(\cos^3 x - 3\cos x\sin x - \cos x)$

$y'''(0) = 0$

6. $\mathrm{d}y = \dfrac{2^{xy}y\ln 2 - 1}{1 - 2^{xy}x\ln 2}\mathrm{d}x$

四、综合题

$$\lim_{x\to 0}\frac{F(1-\cos x)}{\tan x^2} = \lim_{x\to 0}\frac{F(1-\cos x)}{1-\cos x}\frac{1-\cos x}{\tan x^2} = \lim_{t\to 0}\frac{F(t)}{t}\frac{1-\cos x}{\tan x^2}\;(令\;1-\cos x = t)$$

$$= \lim_{t\to 0}\frac{F(t)}{t}\lim_{x\to 0}\frac{1-\cos x}{\tan x^2} = \lim_{t\to 0}\frac{F(t)}{t}\lim_{x\to 0}\frac{\dfrac{1}{2}x^2}{x^2}$$

$$= \frac{1}{2}\lim_{t\to 0}\frac{F(t)}{t} = \frac{1}{2}\lim_{t\to 0}\frac{F(t)-F(0)}{t-0} = \frac{1}{2}F'(0).$$

§3.1 练习题

一、选择题

1. C 2. B 3. D 4. B 5. B

二、填空题

1. $\dfrac{\pi}{2}, \dfrac{3}{2}\pi$ 2. $\dfrac{1}{\ln 2} - 1$ 3. $3; (-2,1),(1,2),(2,3)$

三、解答题

1. $\xi = \dfrac{9}{4}$ 2. 三个实根,分别在 $(1,2),(2,3),(3,4)$ 之内 3. 令 $f(x) = \ln x$,在 $[a,b]$ 上用拉格朗日中值定理 4. 取 $x_0 \in (a,b)$,使得 $f(x_0) \neq f(a)$,分两种情况讨论: (1) $f(x_0) > f(a)$; (2) $f(x_0) < f(a)$.

四、选做题

分析:要证明的结论可以变形为 $\xi f'(\xi) + f(\xi) = 0$,即函数 $F(x) = xf(x)$ 存在导数为 0, 验证函数 $F(x) = xf(x)$ 在 $[0,1]$ 上满足罗尔定理即可.

§3.2 练习题

一、选择题

1. B 2. C 3. B

二、填空题

1. 3 2. 1 3. $\dfrac{1}{2}$ 4. 1

三、计算题

1. 1 2. 0 3. 0 4. 1 5. 0

四、选做题

1. 1　　2. 分析：该极限为 $\dfrac{0}{0}$ 型极限. 对等式左边用罗必达法则得 $\lim\limits_{h\to 0}\dfrac{f'(x_0+h)-f'(x_0-h)}{2h}$，将其变形为 $\lim\limits_{h\to 0}\dfrac{f'(x_0+h)-f'(x_0)+f'(x_0)-f'(x_0-h)}{2h}$，再利用导数定义即可得证.

§3.3 练习题

一、选择题

1. C　2. B　3. B　4. B

二、填空题

1. $(0,2)$　2. $(-\infty,0)\bigcup(1,+\infty)$

三、解答题

1. (1) 在 $(-\infty,0)\bigcup(0,+\infty)$ 内单调增加　(2) 在 $\left(0,\dfrac{1}{3}\right)$ 内单调减少；在 $\left(\dfrac{1}{3},+\infty\right)$ 内单调增加　2. (1) 在 $(0,e)$ 内单调增加；在 $(e,+\infty)$ 内单调减少　(2) 在 $(0,+\infty)$ 内单调减少　3. 令 $f(x)=x^3+x-1,f(0)=-1,f(1)=1$ 又 $f'(x)=3x^2+1>0$ 单调增加，故存在且只有一个点，使得 $f(x)=x^3+x-1=0$

四、选做题

令 $f(x)=x-\ln(1+x)$，利用单调性证明 $f(x)>0$，同理证 $\ln(1+x)>x-\dfrac{x^2}{2}$.

§3.4 练习题

一、选择题

1. C　2. B　3. A　4. D　5. D(如 $y=\dfrac{1}{(x-2)^2}$ 在 $x=2$ 处)

二、填空题

1. $-(n+1)$　2. $a=-1,c=1$　3. $2e^2$　4. 最大值为2,最小值为0

三、解答题

1. $x=\dfrac{3}{2}$ 是极大值点；$x=0$ 不是极值点　2. $f(1)-f(2)=\dfrac{1}{2}$　3. 最大值为2,最小值为1　4. $M\left(\dfrac{8}{3},\dfrac{64}{9}\right)$

四、选做题

底半径 $r=4.301\,3$ cm,高 $h=8.602\,6$ cm

§3.5 和 §3.6 练习题

一、选择题

1. A　2. A　3. C　4. C　5. B

二、填空题

1. $x=-\dfrac{1}{2}$　　2. 凹区间 $(-1,1)$；拐点为 $(-1,\ln 2),(1,\ln 2)$

三、解答题

1. $y=1$ 为水平渐近线，$x=-1$ 为垂直渐近线　　2. 单调增区间为 $(-1,1)$，单调减区间 $(-\infty,-1),(1,+\infty)$，凹区间为 $(-\sqrt{3},0),(\sqrt{3}+\infty)$，凸区间为 $(-\infty,-\sqrt{3}),(0,\sqrt{3})$，极大值为 $\dfrac{1}{2}$，极小值为 $-\dfrac{1}{2}$　　3. 略

四、选做题

$y=x^3-6x^2+9x+2$

第三章自测题

一、选择题

1. C　2. A　3. C　4. D　5. A　6. A　7. C　8. C　9. D　10. C

二、填空题

1. $(0,+\infty)$　　2. $y=-3$　　3. $3;(-3,2)、(2,3)、(3,4)$　　4. $a=-2;b=-\dfrac{1}{2}$　　5. $\dfrac{5}{4}$

三、解答题

1. (1) 2　(2) 1　　2. $y=-2$ 为水平渐近线，$x=0$ 为垂直渐近线　　3. $y=x-\ln(x+1)$ 的定义域为 $(-1,+\infty)$，$y'=\dfrac{x}{x+1}$，$y''=\dfrac{1}{(x+1)^2}$

x	$(-1,0)$	0	$(0,+\infty)$
y'	$-$	0	$+$
y''	$+$	$+$	$+$
y	递减 凹	极小值为 0	递增 凹

4. ① 所给函数的定义域为 $(-\infty,+\infty)$；

② 此函数为奇函数，只需研究 $[0,+\infty)$ 中函数的性态；

③ $y'=\dfrac{1-x^2}{(1+x^2)^2}$，令 $y'=0$，可得驻点 $x=1$；

④ $y''=\dfrac{2x(x^2-3)}{(1+x^2)^3}$，令 $y''=0$，可得 $x=0,x=\sqrt{3}$；

⑤ 由于 $\lim\limits_{x\to\infty}y=\lim\limits_{x\to\infty}\dfrac{x}{1+x^2}=0$，可知 $y=0$ 为函数 y 的图形的水平渐近线，函数的图像没有垂直渐近线；

⑥ 列表分析：

x	$(0,1)$	1	$(1,\sqrt{3})$	$\sqrt{3}$	$(\sqrt{3},+\infty)$
y'	+	0	−	−	−
y''	−	−	−	0	+
y	递增 凸	极大值 $\dfrac{1}{2}$	递减 凸	拐点 $\left(\sqrt{3},\dfrac{\sqrt{3}}{4}\right)$	递减 凹

⑦ 图略

四、证明题

1. 令 $F(x)=x-\arctan x$，则 $F'(x)=1-\dfrac{1}{1+x^2}\geqslant 0$，$F(x)\geqslant F(0)=0$，得证.

2. 令 $f(x)=\mathrm{e}^x-\dfrac{1}{2}\mathrm{e}x^2-\dfrac{\mathrm{e}}{2}$，则 $f'(x)=\mathrm{e}^x-\mathrm{e}x$，$f''(x)=\mathrm{e}^x-\mathrm{e}$.

当 $x>1$ 时，$f''(x)>0$，可得 $f'(x)$ 单调递增，故 $f'(x)>0$，则 $f(x)$ 在 $x>1$ 时单调递增.
从而 $f(x)>0$，得证.

§4.1 练习题

一、选择题

1. B　2. B　3. A　4. D　5. D

二、填空题

1. $\ln x+C$　2. $\dfrac{1}{3}x^3+C$

三、计算下列不定积分

1. $\dfrac{1}{4}x^4+C$　2. $\dfrac{1}{3}x^3-\dfrac{1}{2}x^2+x+C$　3. $\dfrac{4}{3}x^3+2x^2+x+C$　4. $-\dfrac{1}{x}+C$　5.

$\dfrac{2}{7}x^{\frac{7}{2}}+C$　6. $\dfrac{3}{10}x^{\frac{10}{3}}-\dfrac{15}{4}x^{\frac{4}{3}}+C$　7. $2\sqrt{t}+C$　8. $\dfrac{2}{5}x^{\frac{5}{2}}+\dfrac{1}{2}x^2+6\sqrt{x}+C$　9. $2\sqrt{x}-\dfrac{4}{3}x^{\frac{3}{2}}$

$+\dfrac{2}{5}x^{\frac{5}{2}}+C$　10. $\dfrac{2^x}{\ln 2}+C$　11. $\dfrac{80^x}{\ln 80}+C$　12. $2x+\dfrac{5}{\ln 2-\ln 3}\left(\dfrac{2}{3}\right)^x+C$　13. $\mathrm{e}^{x+1}+C$　14.

$\mathrm{e}^x-2x^{\frac{3}{2}}+C$　15. $-2\arcsin x+C$　16. $3\arctan x-\arcsin x+C$　17. $\ln|x|+2\arctan x+C$

18. $\sin x+\cos x+C$　19. $\tan x-\sec x+C$　20. $\tan x-\cot x+C$　21. $-\cot x-x+C$

22. $-\cot x-\tan x+C$　23. $-\dfrac{1}{2}\cot x+C$

四、解答题

1. $f(x)=\ln|x|$　2. $s(t)=t^3+2t^2+1$

§4.2 练习题

一、选择题

1. C　2. D　3. A

二、填空题

1. $\dfrac{1}{3}$　2. $-\dfrac{1}{3}$　3. $\dfrac{1}{2}$　4. 1　5. 1　6. -1　7. $-\dfrac{1}{2}$　8. 2　9. $\dfrac{1}{2}$　10. -1　11. $\dfrac{1}{3}$　12. $\dfrac{1}{2}$　13. $\dfrac{1}{2}$　14. 1　15. 1　16. 1

三、求下列不定积分

1. $\dfrac{1}{6}(2x-1)^3+C$　2. $\dfrac{1}{2}e^{2x}+C$　3. $-\dfrac{1}{3}(1-x^2)^{\frac{3}{2}}+C$　4. $2\arctan\sqrt{x}+C$　5. $(\arcsin\sqrt{x})^2+C$　6. $\dfrac{1}{2}\mathrm{artan}\left(\dfrac{x}{2}\right)+C$　7. $2\sqrt{\ln x}+C$　8. $e^{-\frac{1}{x}}+C$　9. $\dfrac{1}{3}\tan 3x+C$　10. $-e^{\cos x}+C$　11. $-\cos x+\dfrac{1}{3}\cos^3 x+C$　12. $\sin x-\dfrac{2}{3}\sin^3 x+\dfrac{1}{5}\sin^5 x+C$　13. $\dfrac{x}{8}-\dfrac{1}{32}\sin 4x+C$　14. $\dfrac{1}{3}\tan^3 x-\tan x+x+C$　15. $\dfrac{3x}{8}+\dfrac{1}{4}\sin 2x+\dfrac{1}{32}\sin 4x+C$　16. $\tan x+\dfrac{1}{3}\tan^3 x+C$　17. $\dfrac{1}{3}\arcsin\dfrac{3}{2}x+C$　18. $\dfrac{1}{2}\arcsin\left(\dfrac{x^2}{2}\right)+C$　19. $\dfrac{1}{3}(1+x^2)^{\frac{3}{2}}+C$　20. $\dfrac{1}{5}(x^2+1)^{\frac{5}{2}}-\dfrac{1}{3}(x^2+1)^{\frac{3}{2}}+C$　21. $\ln|x^2+x|+C$　22. $\dfrac{1}{4}\ln\left|\dfrac{x-2}{x+2}\right|+C$　23. $\arctan(x+1)+C$　24. $\dfrac{1}{6}\ln\left|\dfrac{x-2}{x+4}\right|+C$　25. $\dfrac{1}{2}\ln|x^2+2x-8|+C$　26. $-\arcsin(1-x)+C$　27. $\arcsin x+\sqrt{1-x^2}+C$　28. $e^{e^x}+C$　29. $\arctan(x\ln x)+C$　30. $-\dfrac{1}{x\ln x}+C$　31. $\arctan(e^x)+C$　32. $-\dfrac{1}{\arcsin x}+C$

四、求下列不定积分

1. $2\arctan\sqrt{x-1}+C$　2. $x-2\sqrt{x+1}+2\ln(1+\sqrt{x+1})+C$　3. $\dfrac{3}{2}(\sqrt[3]{x+1})^2-3\sqrt[3]{x+1}+3\ln|1+\sqrt[3]{x+1}|+C$　4. $\ln\left|\dfrac{\sqrt{e^x+1}-1}{\sqrt{e^x+1}+1}\right|+C$　5. $-\dfrac{\sqrt{1-x^2}}{x}+C$　6. $\dfrac{a^2}{2}\arcsin\dfrac{x}{a}-\dfrac{x\sqrt{a^2-x^2}}{2}+C$　7. $\arccos\dfrac{1}{x}+C$　8. $\sqrt{x^2-9}-3\arccos\dfrac{3}{x}+C$　9. $\dfrac{x}{\sqrt{x^2+1}}+C$　10. $\dfrac{\sqrt{x^2-4}}{4x}+C$　11. $\dfrac{\sqrt{2}}{2}\ln|1+\sqrt{2}x|+C$　12. $8\arcsin\dfrac{x}{4}+\dfrac{x}{2}\cdot\sqrt{16-x^2}+C$

§4.3 练习题

一、选择题

1. C　2. B　3. D　4. A

二、填空题

1. $x\ln-x+C$　2. xe^x-e^x+C　3. $2\arctan\sqrt{x}+C$　4. xe^x-e^x+C

三、求下列不定积分

1. $\dfrac{1}{9}\sin 3x-\dfrac{1}{3}x\cos 3x+C$　2. $x^2\sin x+2x\cos x-2\sin x+C$　3. $\dfrac{1}{4}x^2+\dfrac{1}{4}x\sin 2x+$

$\frac{1}{8}\cos 2x+C$ 4. $-\frac{1}{4}x\cos 2x+\frac{1}{8}\sin 2x+C$ 5. $x\tan x+\ln|\cos x|+C$ 6. $-x\cot x+$

$\ln|\sin x|+C$ 7. $(x^2-2x+2)\mathrm{e}^x+C$ 8. $-(x+2)\mathrm{e}^{-x}+C$ 9. $\frac{\mathrm{e}^x}{2}-\frac{1}{10}\mathrm{e}^x(2\sin 2x+$

$\cos 2x)+C$ 10. $2(\sqrt{x}-1)\mathrm{e}^{\sqrt{x}}+C$ 11. $3\mathrm{e}^{\sqrt[3]{x}}(x^{\frac{2}{3}}-2x^{\frac{1}{3}}+2)+C$ 12. $\frac{1}{3}x^3\ln x-\frac{1}{9}x^3+C$

13. $\frac{1}{3}x^3\ln(1+x)-\frac{1}{9}x^3+\frac{1}{6}x^2-\frac{1}{3}x+\frac{1}{3}\ln(1+x)+C$ 14. $\frac{x}{2}$

$[\sin(\ln x)-\cos(\ln x)]+C$ 15. $\frac{1}{2}\sec x\tan x+\frac{1}{4}\ln\left|\frac{1+\sin x}{1-\sin x}\right|+C$ 16. $x(\arcsin x)^2+$

$2\sqrt{1-x^2}\arcsin x-2x+C$ 17. $\frac{1}{3}x^3\arctan x-\frac{1}{6}x^2+\frac{1}{6}\ln(1+x^2)+C$ 18. $-\frac{1}{5}\mathrm{e}^{-x}(\sin 2x$

$+2\cos 2x)+C$ 19. $\frac{1}{3}x^2\mathrm{e}^{3x}-\frac{2}{9}x\mathrm{e}^{3x}+\frac{2}{27}\mathrm{e}^{3x}+C$ 20. $x\ln(1+x^2)-2x+2\arctan x+C$

21. $2\sqrt{x}\arcsin\sqrt{x}-\ln(1+x)+C$ 22. $-2\sqrt{x}\cos\sqrt{x}+2\sin\sqrt{x}+C$ 23.

$xf'(x)-f(x)+C$ 24. $\frac{1}{2}x^2\arctan 2x-\frac{1}{4}x+\frac{1}{8}\arctan(2x)+C$ 25.

$-\frac{1}{2}\left(\frac{x}{\sin^2 x}+\cot x\right)+C$ 26. $\tan x\ln(\cos x)+\tan x-x+C$ 27. $-\frac{\arcsin x}{x}+$

$\ln\left|\frac{1-\sqrt{1-x^2}}{x}\right|+C$ 28. $x\tan\frac{x}{2}+C$ 29. $-\frac{\ln x}{2(1+x^2)}+\frac{1}{2}\ln x-\frac{1}{4}\ln(1+x^2)+C$

第四章自测题

一、选择题

1. B   2. D   3. A   4. B   5. C   6. A

二、填空题

1. $-\frac{1}{x^2}$ 2. $\mathrm{e}^x-\frac{2x}{(1+x^2)^2}$ 3. $-(1-x^2)^2+C$ 4. $x\varphi'(x)-\varphi(x)+C$ 5. $x\mathrm{e}^{-x}+$

$\mathrm{e}^{-x}+C$ 6. $-\frac{\sqrt{x}}{2}+C$

三、求下列不定积分

(1) $\frac{4}{5}x^{\frac{5}{4}}-\frac{8}{9}x^{\frac{9}{4}}+\frac{4}{3}x^{\frac{3}{4}}+C$ (2) $-2\cos x-\frac{(3\mathrm{e})^x}{1+\ln 3}+C$ (3) $\tan x-x+C$ (4)

$\frac{1}{2}(x-\sin x)+C$ (5) $\frac{1}{2}x^2-\frac{1}{2}\ln(1+x^2)+C$ (6) $\frac{1}{3}x^3-x+\arctan x+C$ (7) $-\frac{1}{3}(9-$

$x^2)^{\frac{3}{2}}+C$ (8) $-\frac{\sqrt{9-x^2}}{x}-\arcsin\frac{x}{3}+C$ (9) $-\frac{\sqrt{1+x^2}}{x}+C$ (10) $\frac{\sqrt{x^2-1}}{x}+C$

(11) $2\sqrt{x\ln x}+C$ (12) $2\sqrt{1+\ln x}+\ln\left|\frac{\sqrt{1+\ln x}-1}{\sqrt{1+\ln x}+1}\right|+C$ (13) $2\ln\left|\frac{\sqrt{x}}{1+\sqrt{x}}\right|+C$

(14) $2\arctan\sqrt{x}+C$ (15) $\frac{1}{2}\arcsin\left(\frac{2}{3}x\right)+C$ (16) $-\frac{1}{4}\sqrt{9-4x^2}+C$ (17)

$\frac{1}{4}x^4\left(\ln x-\frac{1}{4}\right)+C$ (18) $\frac{1}{5}\mathrm{e}^{2x}(\sin x+2\cos x)+C$ (19) $x(\ln x)^2-2x\ln x+2x+C$ (20)

$-x^2\cos x+2(x\sin x+\cos x)+C$ （21）$\dfrac{x}{2}\left[\sin(\ln x)+\cos(\ln x)\right]+C$ （22）$4\sqrt{1+x}$

$(\ln\sqrt{1+x}-1)+C$ （23）$\dfrac{1}{2}\ln(x^2-2x+2)+C$ （24）$\arctan(x-1)+C$ （25）

$\dfrac{1}{3}\ln\left|\dfrac{x-1}{x+2}\right|+C$ （26）$\ln|x^2+x-2|-\dfrac{4}{3}\ln\left|\dfrac{x-1}{x+2}\right|+C$ （27）$\dfrac{1}{2}\ln|x^2+x-2|-$

$\dfrac{5}{6}\ln\left|\dfrac{x-1}{x+2}\right|+C$ （28）$\dfrac{1}{2}\ln\left|\dfrac{1+x}{1-x}\right|+C$ （29）$\dfrac{1}{2}\ln\left|\dfrac{x-1}{x+1}\right|+\dfrac{1}{x}+C$ （30）$\dfrac{1}{2}\ln|x|-$

$\dfrac{1}{4}\ln(x^2+2)+C$

四、综合题

1. 证明：因为 $F(x)$ 是 $f(x)$ 的一个原函数，所以 $f(x)=F'(x)$，即

$$\frac{F'(x)}{F(x)}=\frac{f(x)}{F(x)}=\frac{x}{1+x^2}.$$

两边积分：$\displaystyle\int\frac{F'(x)}{F(x)}\mathrm{d}x=\int\frac{x}{1+x^2}\mathrm{d}x,$

$$\int\frac{1}{F(x)}\mathrm{d}F(x)=\frac{1}{2}\int\frac{1}{1+x^2}\,\mathrm{d}(1+x^2),$$

$$\ln F(x)=\frac{1}{2}\ln(1+x^2)+\ln C=\ln\left[C\sqrt{1+x^2}\right],$$

故 $F(x)=C\sqrt{1+x^2}.$

因为 $F(0)=2$，所以 $C=2$，$F(x)=2\sqrt{1+x^2}.$

又因为 $f(x)=F'(x)=\left[2\sqrt{1+x^2}\right]=2\left[(1+x^2)^{\frac{1}{2}}\right]$

$$=2\times\frac{1}{2}(1+x^2)^{-\frac{1}{2}}\cdot 2x=\frac{2x}{\sqrt{1+x^2}}.$$

即：$f(x)=\dfrac{2x}{\sqrt{1+x^2}}.$

2. 解：令 $\mathrm{e}^x=t$，则 $x=\ln t$，故 $f'(t)=a\sin(\ln t)+b\cos(\ln t).$

所以 $f(t)=\displaystyle\int f'(t)\mathrm{d}t=\int\left[a\sin(\ln t)+b\cos(\ln t)\right]\mathrm{d}t$

$$=a\int\sin(\ln t)\mathrm{d}t+b\int\cos(\ln t)\mathrm{d}t.$$

因为 $\displaystyle\int\sin(\ln t)\mathrm{d}t=t\sin(\ln t)-\int t\mathrm{d}\left[\sin(\ln t)\right]=t\sin(\ln t)-\int t\cos(\ln t)\cdot\frac{1}{t}\mathrm{d}t$

$$=t\sin(\ln t)-\int\cos(\ln t)\mathrm{d}t=t\sin(\ln t)-\left[t\cos(\ln t)-\int t\mathrm{d}(\cos\ln t)\right]$$

$$=t\sin(\ln t)-t\cos(\ln t)-\int t\sin(\ln t)\cdot\frac{1}{t}\mathrm{d}t$$

$$=t\sin(\ln t)-t\cos(\ln t)-\int\sin(\ln t)\mathrm{d}t,$$

所以 $\displaystyle\int\sin(\ln t)\mathrm{d}t=\frac{1}{2}\left[t\sin(\ln t)-t\cos(\ln t)\right]+C.$

同理：$\int \cos(\ln t)\,\mathrm{d}t = \dfrac{1}{2}\big[t\sin(\ln t) + t\cos(\ln t)\big] + C.$

所以 $f(t) = \dfrac{a}{2}\big[t\sin(\ln t) - t\cos(\ln t)\big] + \dfrac{b}{2}\big[t\sin(\ln t) + t\cos(\ln t)\big] + C$

$\qquad = \dfrac{t}{2}\big[(a+b)\sin(\ln t) + (b-a)\cos(\ln t)\big] + C,$

故 $f(x) = \dfrac{x}{2}\big[(a+b)\sin(\ln x) + (b-a)\cos(\ln x)\big] + C.$

§5.1 练习题

一、选择题

1. A　2. A　3. C　4. D

二、填空题

1. $<$　2. -2　3. $S = \displaystyle\int_{-1}^{2} |2x^3 + 3|\,\mathrm{d}x$　4. $s = \displaystyle\int_{0}^{3}\left(\dfrac{1}{3}t + 2\right)\mathrm{d}t$

三、解答题

1. $S = \displaystyle\int_{0}^{2} x^3\,\mathrm{d}x$　2. (1) 8　(2) 2　(3) $\dfrac{9}{4}\pi$　(4) 0　3. (1) 4 至 40　(2) $\dfrac{\pi}{12}$ 至 $\dfrac{\pi}{4}$

(3) $\dfrac{9}{4}$ 至 $\dfrac{18}{7}$

四、选做题

1. 0　2. $-\dfrac{1}{4}$

§5.2 练习题

一、选择题

1. A　2. D　3. B　4. D

二、填空题

1. $\dfrac{1}{\ln 2} + \dfrac{3}{4}$　2. $2(\mathrm{e}^2 - \mathrm{e})$　3. $\dfrac{\sqrt{2}}{12}$　4. $-\dfrac{x\mathrm{e}^x}{1 + \sin x}$（思考：原式 $= \dfrac{\mathrm{d}}{\mathrm{d}x}\left(x \cdot \displaystyle\int_{0}^{x} \dfrac{1}{1+t}\,\mathrm{d}t\right) =$

$\ln|x+1| + \dfrac{x}{x+1}$）　5. $-\dfrac{2x}{\sqrt{1+x^4}}$

三、解答题

1. (1) -12　(2) 8　(3) $\dfrac{17}{6}$　(4) $\dfrac{5}{2}$　(5) $\dfrac{\pi}{6}$　2. (1) $\dfrac{2x^3\sin x^2}{1 + (\cos x^2)^2}$　(2) 1　3. $\dfrac{8}{3}$

四、选做题

1. A　2. 13

§5.3 练习题

一、选择题

1. C　2. B　3. D　4. C

二、填空题

1. $\dfrac{\pi}{3a}$　2. 0　3. $2x \cdot f(x^2)$　4. $2\ln\dfrac{3}{2}$

三、解答题

1. (1) $\dfrac{\pi}{4}-\dfrac{1}{2}$　(2) $2-\dfrac{\sqrt{3}}{3}\pi$　(3) $\dfrac{2}{e}$　(4) $\dfrac{\pi}{4}+\ln\sqrt{2}$　2. (1) $\ln(1+e)-\ln2$　(2) $\ln3$

(3) $\dfrac{\pi}{2}$　(4) $2(2-\arctan 2)$　(5) $\dfrac{3}{2}\sqrt{2}$　(6) $\dfrac{2-\sqrt{3}}{8}+\dfrac{\pi}{24}$　3. (1) $8\ln2-5$　(2) $\arctan 2-$

$\dfrac{\pi}{2}$　(3) $\arctan e-\dfrac{\pi}{4}$　(4) $\dfrac{2}{5}$　4. (1) 0　(2) 0　(3) 1　(4) π

四、选做题

1. (1) 0　(2) e　2. $\dfrac{2}{5}$(提示:根据函数的奇偶性求解)

§5.4 练习题

一、选择题

1. B　2. C

二、填空题

1. 发散　2. 收敛　3. 发散　4. 发散

三、解答题

1. (1) 收敛,$\dfrac{1}{2}$　(2) 发散　(3) 收敛,1　(4) 收敛,π　(5) 发散　(6) 收敛,$-\dfrac{\ln2}{2}$

(7) 收敛,1　2. $p>1$ 时收敛,值为$\dfrac{a^{1-p}}{p-1}$;$p\leqslant 1$ 时发散

四、选做题

1. $2-2\ln2$　2. $k=\dfrac{1}{\pi}$

§5.5 练习题

一、选择题

C

二、填空题

$\displaystyle\int_a^b \pi|f_2^2(x)-f_1^2(x)|\,dx$

三、解答题

1. $S=1$　2. $\dfrac{46}{3}$　3. $V_y=\dfrac{7}{15}\pi$

四、选做题

1. (1) 切线 $y=\dfrac{1}{2}(x-1)$　(2) $S=\dfrac{1}{3}$　(3) $V_x=\dfrac{\pi}{6},V_y=\dfrac{6}{5}\pi$　2. (1) 切线 $y=2x$,

$y=-6x,S=\dfrac{16}{3}$　(2) $V_x=\dfrac{512}{15}\pi$

第五章自测题

一、选择题

1. B　2. D　3. C　4. C　5. B　6. B　7. A　8. D

二、填空题

1. 0　2. 2　3. 3　4. $\dfrac{\sqrt{3}}{3}$

三、解答题

1.（1）$-\dfrac{1}{3}$　（2）12　2.（1）$\dfrac{10}{9}\arctan 3-\dfrac{1}{3}$　（2）$\dfrac{2-\sqrt{2}}{2}$　（3）$\dfrac{\pi}{2}$　（4）$\dfrac{\pi^2}{4}$　3. $\dfrac{\pi}{4}+$

$\ln\dfrac{e+1}{2}$　4. $f(x)$单调增加　5. e　6. $S=\dfrac{9}{2}$　7. $\dfrac{38}{15}\pi$　8.（1）$(2,4)$；$y=4$　（2）$S=\dfrac{8}{3}$

（3）$V_x=\dfrac{224}{15}\pi$

综合练习一

一、选择题

1. C　2. D　3. C　4. B　5. A　6. A　7. C

二、填空题

8. $\left[-\dfrac{1}{2},0\right]$　9. $\dfrac{3}{2}$　10. 2　11. $y=1$　12. $e^{-\frac{1}{3}}$　13. $p<1$；$p\geqslant 1$　14. x^2e^x+C

三、解答题

15. 解：令 $t=1-x$，则 $x=1-t$，代入原方程可得 $2f(1-t)+f(t)=(1-t)^2$. 于是有

$2f(1-x)+f(x)=(1-x)^2$，将此式与原式联立得：

$$\begin{cases}2f(x)+f(1-x)=x^2\\ 2f(1-x)+f(x)=(1-x)^2\end{cases}$$

解出：$f(x)=\dfrac{x^2+2x-1}{3}$.

16. 解：由于 $\lim\limits_{x\to+\infty}(-x+\sqrt{x^2+1})=\lim\limits_{x\to+\infty}\dfrac{1}{x+\sqrt{x^2+1}}=0$，

且 $\lim\limits_{x\to-\infty}(-x+\sqrt{x^2+1})=+\infty$（因为 $-x\to+\infty$，$\sqrt{x^2+1}\to+\infty$）.

所以，曲线 $y=-x+\sqrt{x^2+1}$ 水平渐近线方程为 $y=0$.

17. 解：$\lim\limits_{x\to 0}\int_0^x(e^t+e^{-t}-2)\mathrm{d}t=0$，且 $\lim\limits_{x\to 0}(1-\cos x)=0$，为 $\dfrac{0}{0}$ 型. 根据罗必达法则有

$$\lim\limits_{x\to 0}\dfrac{\displaystyle\int_0^x(e^t+e^{-t}-2)\mathrm{d}t}{1-\cos x}=\lim\limits_{x\to 0}\dfrac{e^x-e^{-x}-2}{\sin x}=\lim\limits_{x\to 0}\dfrac{e^x+e^{-x}}{\cos x}=2.$$

18. 解：两边同时对 x 求导得：

$$e^y y'+y+xy'=0 \qquad\qquad\qquad ①$$

$$y'=-\dfrac{y}{e^y+x} \qquad\qquad\qquad\qquad ②$$

将①式两边同时对 x 求导得：

$$e^y(y')^2 + e^y y'' + 2y' + xy'' = 0$$

化简得：

$$y'' = -\frac{e^y(y')^2 + 2y'}{e^y + x} \qquad\qquad ③$$

由 $e^y + xy = e$ 知，$x=0$ 时 $y|_{x=0}=1$；再由②式知，$x=0$ 时 $y'|_{x=0}=-\dfrac{1}{e}$.

将 $x=0, y|_{x=0}=1, y'|_{x=0}=-\dfrac{1}{e}$ 代入③得：

$$y'' = \frac{1}{e^2}.$$

19. 解：$\displaystyle\lim_{n\to\infty}\left(\frac{1}{n+1} + \frac{1}{n+2} + \cdots + \frac{1}{n+n}\right) = \lim_{n\to\infty}\frac{1}{n}\left[\frac{1}{1+\dfrac{1}{n}} + \frac{1}{1+\dfrac{2}{n}} + \cdots + \frac{1}{1+\dfrac{n}{n}}\right]$

$$= \lim_{n\to\infty}\frac{1}{n}\sum_{i=1}^{n}\frac{1}{1+\dfrac{1}{i}}.$$

根据定积分的定义有：

$$\text{原式} = \lim_{n\to\infty}\frac{1}{n}\sum_{i=1}^{n}\frac{1}{1+\dfrac{1}{i}} = \int_0^1\frac{1}{1+x}\mathrm{d}x = \ln(1+x)\Big|_0^1 = \ln 2.$$

20. 解：$\displaystyle\int_e^{+\infty}\frac{\mathrm{d}x}{x(\ln x)^2} = \lim_{b\to+\infty}\int_e^b\frac{\mathrm{d}x}{x(\ln x)^2} = \lim_{b\to+\infty}\int_e^b\frac{\mathrm{d}\ln x}{(\ln x)^2} = \lim_{b\to+\infty}\left(-\frac{1}{\ln x}\right)\Big|_e^b$

$$= \lim_{b\to+\infty}\left(-\frac{1}{\ln b} + 1\right) = 1.$$

四、综合题

21. 作辅助函数 $f(x) = x\ln x$，则 $f'(x) = \ln x + 1$. 当 $x > e^{-1}$ 时，有 $f'(x) > 0$.

因此，函数 $f(x)$ 在 $[e^{-1}, +\infty)$ 上单调递增.

所以，当 $x > e^{-1}$ 时，有 $x\ln x < (x+1)\ln(x+1)$，即

$$\frac{\ln(x+1)}{\ln x} > \frac{x}{x+1}.$$

22. 解：$f(x) = \displaystyle\lim_{n\to+\infty}\frac{x^n}{1+x^n} = \begin{cases} 0, & 0 \leqslant x < 1; \\ \dfrac{1}{2}, & x = 1; \\ 1, & x > 1. \end{cases}$

所以，函数 $f(x)$ 在 $[0,1)\cup(1,+\infty)$ 内是连续的. 在 $x=1$ 处间断，且 $x=1$ 是 $f(x)$ 的跳跃间断点.

综合练习二

一、选择题

1. A 2. B 3. B 4. D 5. A 6. D 7. C

二、填空题

8. $\sqrt{2}$　　9. $\dfrac{e^{\cos t}(2-t\sin t)}{2\cos(t^2-1)}$　　10. $a=-1;b=3$　　11. $\dfrac{9\pi}{2}$　　12. $\dfrac{1}{12}$　　13. $e^{2x}\left(x-\dfrac{1}{2}\right)+C$

14. 2π

三、解答题

15. 解:令 $x=\dfrac{1}{t}$,代入原式可得 $2f\left(\dfrac{1}{t^2}\right)+f(t^2)=\dfrac{1}{t}$. 于是有 $2f\left(\dfrac{1}{x^2}\right)+f(x^2)=\dfrac{1}{x}$,与

原式联立得 $\begin{cases}2f(x^2)+f\left(\dfrac{1}{x^2}\right)=x;\\[2mm]2f\left(\dfrac{1}{x^2}\right)+f(x^2)=\dfrac{1}{x},\end{cases}$　　解得 $f(x^2)=\dfrac{2}{3}x-\dfrac{1}{3x}$.

所以 $f(x)=\dfrac{2}{3}\sqrt{x}-\dfrac{1}{3\sqrt{x}}(x>0)$.

16. 解:$\dfrac{\mathrm{d}x}{\mathrm{d}t}=2t,\dfrac{\mathrm{d}y}{\mathrm{d}t}=4-2t$,可得 $\dfrac{\mathrm{d}y}{\mathrm{d}x}=\dfrac{2}{t}-1$.

由 $\begin{cases}\dfrac{\mathrm{d}y}{\mathrm{d}x}=\dfrac{2}{t}-1\\[2mm]x=t^2+1\end{cases}$,可解得 $\dfrac{\mathrm{d}^2 y}{\mathrm{d}x^2}=-\dfrac{1}{t^3}$. 可以知道当 $t>0$ 时有 $\dfrac{\mathrm{d}^2 y}{\mathrm{d}x^2}<0$.

因此,当 $t>0$ 时曲线是凸的.

17. 证明:令 $f(x)=xe^x-2$,则 $f(x)$ 在 $[0,1]$ 上连续. 又 $f(0)=-2<0,f(1)=e-2>0$,根据连续函数的介值定理可知,至少存在一点 $\zeta\in(0,1)$,使得 $f(\zeta)=0$. 所以,原方程至少存在一个小于 1 的正根.

18. 解:原式 $=\lim\limits_{n\to\infty}\dfrac{1}{n}\left[\dfrac{1}{\sqrt{4-\left(\dfrac{1}{n}\right)^2}}+\dfrac{1}{\sqrt{4-\left(\dfrac{2}{n}\right)^2}}+\cdots+\dfrac{1}{\sqrt{4-\left(\dfrac{n}{n}\right)^2}}\right]$

$=\lim\limits_{n\to\infty}\dfrac{1}{n}\sum\limits_{i=1}^{n}\dfrac{1}{\sqrt{4-\left(\dfrac{i}{n}\right)^2}}$

$=\displaystyle\int_0^1\dfrac{\mathrm{d}x}{\sqrt{4-x^2}}=\arcsin\dfrac{1}{2}=\dfrac{\pi}{6}$.

19. 解:$\displaystyle\int\dfrac{\mathrm{d}x}{x\sqrt{2-\ln^2 x}}=\int\dfrac{\mathrm{d}\ln x}{\sqrt{2-\ln^2 x}}=\int\dfrac{\mathrm{d}\ln x}{\sqrt{2}\sqrt{1-\left(\dfrac{\ln x}{\sqrt{2}}\right)^2}}=\int\dfrac{\mathrm{d}\dfrac{\ln x}{\sqrt{2}}}{\sqrt{1-\left(\dfrac{\ln x}{\sqrt{2}}\right)^2}}=$

$\arcsin\left(\dfrac{\ln x}{\sqrt{2}}\right)+C$.

20. 解:由题意得:

$S=\displaystyle\int_1^e \ln^2 x\,\mathrm{d}x=x\ln^2 x\,\big|_1^e-2\int_1^e \ln x\,\mathrm{d}x=e-2x\ln x\,\big|_1^e+2\int_1^e \mathrm{d}x$

$=e-2e+2e-2$

$=e-2$.

四、综合题

21. 解：两边同时取对数得：

$$y\ln x = x\ln y.$$

两边同时微分有：

$$d(y\ln x) = d(x\ln y).$$

可得：$dy \cdot \ln x + y \cdot d\ln x = dx \cdot \ln y + x \cdot d\ln y$，即

$$dy \cdot \ln x + \frac{y}{x}dx = dx \cdot \ln y + \frac{x}{y}dy.$$

解得：

$$dy = \frac{y(x\ln y - y)}{x(y\ln x - x)}dx.$$

22. 解：① 由于 $\lim\limits_{x \to 0^+} f(x) = \lim\limits_{x \to 0^+} \frac{\sqrt{1+x^2}+x-1}{x} = 1 + \lim\limits_{x \to 0^+} \frac{\sqrt{1+x^2}-1}{x} = 1 + \lim\limits_{x \to 0^+} \frac{\frac{1}{2}x^2}{x} = 1,$

$\lim\limits_{x \to 0^-} f(x) = \lim\limits_{x \to 0^-} \frac{2}{x^2}\int_0^x \sin t\, dt = \lim\limits_{x \to 0^-} \frac{2\sin x}{2x} = 1,$

且 $\lim\limits_{x \to 0^-} f(x) = \lim\limits_{x \to 0^+} f(x) = f(0)$，所以函数 $f(x)$ 在 $x=0$ 处连续.

② 由于 $f'_+(0) = \lim\limits_{x \to 0^+} \frac{f(x)-f(0)}{x-0} = \lim\limits_{x \to 0^+} \frac{\frac{\sqrt{1+x^2}+x-1}{x}-1}{x}$

$$= \lim\limits_{x \to 0^+} \frac{\sqrt{1+x^2}-1}{x^2} = \frac{1}{2};$$

$f'_-(0) = \lim\limits_{x \to 0^-} \frac{f(x)-f(0)}{x-0} = \lim\limits_{x \to 0^-} \frac{\frac{2}{x^2}\int_0^x \sin t\, dt - 1}{x} = \lim\limits_{x \to 0^-} \frac{2\int_0^x \sin t\, dt - x^2}{x^3}$

$$= \lim\limits_{x \to 0^-} \frac{2\sin x - 2x}{3x^2} = \lim\limits_{x \to 0^-} \frac{2\cos x - 2}{6x} = 0,$$

可知 $f'_+(0) \neq f'_-(0)$. 所以 $f(x)$ 在 $x=0$ 处不可导.

综合练习三

一、选择题

1. C　2. B　3. A　4. B　5. D　6. A　7. A

二、填空题

8. $\frac{1}{2}$　9. 0　10. 2　11. $-\frac{1}{2t}$　12. $\frac{e^\pi}{2}$　13. $x+C$　14. $2e^{-\frac{1}{4}} \leqslant \int_0^2 e^{x^2-x}dx \leqslant 2e^2$

三、解答题

15. 解：两边同时取对数得：

$$\ln y = x[\ln x - \ln(1+x)].$$

两边同时对 x 求导得：

$$\frac{y'}{y} = \ln x - \ln(1+x) + x\left(\frac{1}{x} - \frac{1}{1+x}\right).$$

解得 $y'=y\left(\ln x-\ln(1+x)+\dfrac{1}{1+x}\right)$，即

$$dy=\left(\dfrac{x}{1+x}\right)^{x}\left(\ln x-\ln(1+x)+\dfrac{1}{1+x}\right)dx.$$

16. 解：联立 $\begin{cases} y=\dfrac{1}{2}x^2; \\ x^2+y^2=8, \end{cases}$ 解得交点坐标为 $(-2,2)$ 和 $(2,2)$.

可得所求面积为 $A=\displaystyle\int_{-2}^{2}\left(\sqrt{8-x^2}-\dfrac{1}{2}x^2\right)dx=2\int_{0}^{2}\left(\sqrt{8-x^2}-\dfrac{1}{2}x^2\right)dx$

$$=2\left(\dfrac{1}{2}x\sqrt{8-x^2}+\dfrac{8}{2}\arcsin\dfrac{x}{2\sqrt{2}}-\dfrac{1}{6}x^3\right)\Big|_{0}^{2}$$

$$=2\pi+\dfrac{4}{3}.$$

17. 解：两边同时取 $[0,1]$ 上的积分得：

$$\int_{0}^{1}f(x)dx=\int_{0}^{1}xdx-\int_{0}^{1}\left(3x^2\int_{0}^{1}f(x)dx\right)dx.$$

注意到 $\displaystyle\int_{0}^{1}f(x)dx$ 是常数，得：

$$\int_{0}^{1}f(x)dx=\int_{0}^{1}xdx-\int_{0}^{1}f(x)dx\int_{0}^{1}3x^2dx,$$

$$\int_{0}^{1}f(x)dx=\dfrac{1}{2}-\int_{0}^{1}f(x)dx\cdot 1,$$

解之得 $\displaystyle\int_{0}^{1}f(x)dx=\dfrac{1}{4}$，则

$$f(x)=-\dfrac{3}{4}x^2+x.$$

18. 解：令 $u=x-2$，则 $du=dx$；且 $x=1$ 时 $u=-1$；$x=3$ 时 $u=1$.

$$\int_{1}^{3}f(x-2)dx=\int_{-1}^{1}f(u)du=\int_{0}^{1}e^{u}du+\int_{-1}^{0}(3u^2+1)du=e+2.$$

注：此题也可以先算出 $f(x-2)$ 的表达式，然后再计算定积分. 但直接利用换元积分进行计算大大降低了计算量.

19. 解：$\displaystyle\int\dfrac{1+\cos^2 x}{1+\cos 2x}dx=\int\dfrac{1+\cos^2 x}{2\cos^2 x}dx=\dfrac{1}{2}\int(\sec^2 x+1)dx=\dfrac{1}{2}(\tan x+x)+C.$

20. 解：$\displaystyle\int_{0}^{e}x\ln xdx=\lim_{a\to 0^{+}}\int_{a}^{e}x\ln xdx=\lim_{a\to 0^{+}}\left(\dfrac{1}{2}x^2\ln x\Big|_{a}^{e}-\int_{a}^{e}\dfrac{1}{2}x^2\dfrac{1}{x}dx\right)$

$$=\lim_{a\to 0^{+}}\left(\dfrac{1}{2}x^2\ln x\Big|_{a}^{e}-\dfrac{1}{4}x^2\Big|_{a}^{e}\right)=\lim_{a\to 0^{+}}\left(\dfrac{1}{4}e^2-\dfrac{1}{2}a^2\ln a+\dfrac{1}{4}a^2\right)=\dfrac{1}{4}e^2.$$

四、综合题

21. 解：$f'(x)=(2-x^2)e^{-x^2}\cdot 2x$. 令 $f'(x)=0$，得驻点为 $x=0$ 和 $x=\pm\sqrt{2}$.

当 $x<-\sqrt{2}$ 时，$f'(x)>0$，故有 $f(x)$ 单调递增；

当 $-\sqrt{2}<x<0$ 时，$f'(x)<0$，故有 $f(x)$ 单调递减；

当 $0<x<-\sqrt{2}$ 时，$f'(x)>0$，故有 $f(x)$ 单调递增；

当 $x>\sqrt{2}$ 时,$f'(x)<0$,故有 $f(x)$ 单调递减.

因此,$f(\sqrt{2})=f(-\sqrt{2})=\int_0^2 (2-t)\mathrm{e}^{-t}\mathrm{d}t=1+\mathrm{e}^{-2}$ 是 $f(x)$ 的极大值点,也是最大值点.

由于 $\lim\limits_{x\to\infty}f(x)=\int_0^{+\infty}(2-t)\mathrm{e}^{-t}\mathrm{d}t=1>f(0)=0$,可知,$f(0)=0$ 是函数 $f(x)$ 的极小值点也是最小值.

22. 解:由题目可知 $f(x)$ 在 $x=0$ 处间断.

又 $\lim\limits_{x\to 0^+}f(x)=\lim\limits_{x\to 0^+}\dfrac{2^{\frac{1}{x}}-1}{2^{\frac{1}{x}}+1}=1$,

$\lim\limits_{x\to 0^-}f(x)=\lim\limits_{x\to 0^-}\dfrac{2^{\frac{1}{x}}-1}{2^{\frac{1}{x}}+1}=-1.$

所以 $x=0$ 是 $f(x)$ 的跳跃间断点.

综合练习四

一、选择题

1. D 2. B 3. C 4. A 5. C 6. B 7. C

二、填空题

8. 0 9. 1 10. $a=\dfrac{1}{2};b=-\dfrac{1}{2}$ 11. 1 12. $y=1$ 13. $(0,0)$ 14. $1\leqslant\int_0^1 \mathrm{e}^{x^2}\mathrm{d}x\leqslant\mathrm{e}$

三、解答题

15. 解:$\lim\limits_{x\to 0}\cot x\left(\dfrac{1}{\sin x}-\dfrac{1}{x}\right)=\lim\limits_{x\to 0}\dfrac{\cos x}{\sin x}\cdot\dfrac{x-\sin x}{x\sin x}$(利用等价无穷小代换)

$=\lim\limits_{x\to 0}\dfrac{x-\sin x}{x^3}=\lim\limits_{x\to 0}\dfrac{1-\cos x}{3x^2}=\lim\limits_{x\to 0}\dfrac{\frac{1}{2}x^2}{3x^2}=\dfrac{1}{6}.$

16. 解:$\lim\limits_{x\to\infty}\dfrac{1}{n}\left(\sin\dfrac{1}{n}\pi+\sin\dfrac{2}{n}\pi+\cdots+\sin\dfrac{n-1}{n}\pi\right)$

$=\lim\limits_{x\to\infty}\dfrac{1}{n}\left(\sin\dfrac{1}{n}\pi+\sin\dfrac{2}{n}\pi+\cdots+\sin\dfrac{n-1}{n}\pi+\sin\dfrac{n}{n}\pi\right)$

$=\lim\limits_{x\to\infty}\sum\limits_{i=1}^{n}\dfrac{1}{n}\sin\dfrac{i}{n}\pi.$

由定积分的定义得 $\lim\limits_{n\to\infty}\sum\limits_{i=1}^{n}\dfrac{1}{n}\sin\dfrac{i}{n}\pi=\int_0^1\sin\pi x\mathrm{d}x=\dfrac{2}{\pi}.$

17. 解:两边同时取微分得 $2^{xy}\cdot\ln 2\cdot\mathrm{d}(xy)=\mathrm{d}x+\mathrm{d}y$,即

$$2^{xy}\cdot\ln 2(y\mathrm{d}x+x\mathrm{d}y)=\mathrm{d}x+\mathrm{d}y.$$

解得:

$$\mathrm{d}y=\dfrac{1-\ln 2\cdot y\cdot 2^{xy}}{\ln 2\cdot x\cdot 2^{xy}-1}\mathrm{d}x.$$

18. 解:首先 $x(0)=3,y(0)=2$,可知切点坐标为 $(3,2)$.又 $\dfrac{\mathrm{d}y}{\mathrm{d}t}=-3+\dfrac{2t}{1+t^2},\dfrac{\mathrm{d}x}{\mathrm{d}t}=2+$

$\dfrac{1}{1+t^2}$，得到 $\dfrac{\mathrm{d}y}{\mathrm{d}x}=\dfrac{-3t^2+2t-3}{2t^2+3}$，于是切线斜率 $k=\dfrac{\mathrm{d}y}{\mathrm{d}x}\big|_{t=0}=-1$. 所以，切线方程

为 $y=-x+5$.

19. 解：令 $u=\sqrt{x}$，即 $x=u^2$，则 $\mathrm{d}x=2u\mathrm{d}u$.

$$\int x\mathrm{e}^{\sqrt{x}}\mathrm{d}x=\int u^2\mathrm{e}^u\cdot 2u\mathrm{d}u=2\int u^3\mathrm{e}^u\mathrm{d}u=2u^3\mathrm{e}^u-6\int u^2\mathrm{e}^u\mathrm{d}u$$

$$=2u^3\mathrm{e}^u-6u^2\mathrm{e}^u+12\int u\mathrm{e}^u\mathrm{d}u=2u^3\mathrm{e}^u-6u^2\mathrm{e}^u+12u\mathrm{e}^u-12\int \mathrm{e}^u\mathrm{d}u$$

$$=2u^3\mathrm{e}^u-6u^2\mathrm{e}^u+12u\mathrm{e}^u-12\mathrm{e}^u+C$$

$$=2x^{\frac{3}{2}}\mathrm{e}^{\sqrt{x}}-6x\mathrm{e}^{\sqrt{x}}+12\sqrt{x}\mathrm{e}^{\sqrt{x}}-12\mathrm{e}^{\sqrt{x}}+C.$$

20. 解：令 $u=x+2$，则 $\mathrm{d}x=\mathrm{d}u$. 当 $x=-3$ 时，$u=-1$；$x=-1$ 时，$u=1$.

$$\int_{-3}^{-1}f(x+2)\mathrm{d}x=\int_{-1}^{1}f(u)\mathrm{d}u=\int_{-1}^{0}\cos x\mathrm{d}x+\int_{0}^{1}x\mathrm{e}^x\mathrm{d}x=\sin 1+1.$$

四、综合题

21. 解：由题目可得：

$$f(x)=\begin{cases} x, & |x|>1; \\ 0, & |x|=1; \\ -x, & |x|<0, \end{cases}\text{可以看出 } x=\pm 1 \text{ 是 } f(x) \text{ 的跳跃间断点.}$$

22. 证明：令 $f(x)=(1+x)\ln(1+x)-\arctan x,x\in[0,+\infty)$，则

$$f'(x)=\ln(1+x)+1-\dfrac{1}{1+x^2}=\ln(1+x)+\dfrac{x^2}{1+x^2}.$$

显然，当 $x\in[0,+\infty)$ 时有 $f'(x)>0$.

所以 $f(x)$ 在 $[0,+\infty)$ 上单调递增，$f(x)>f(0)=0$.

可得 $\ln(1+x)\geqslant\dfrac{\arctan x}{1+x}$，$x\in[0,+\infty)$.

综合练习五

一、选择题

1. D　2. D　3. B　4. D　5. C　6. D　7. B

二、填空题

8. $A=\dfrac{1}{2\,009}$；$k=2\,009$　9. $-\ln 2$　10. $y=-\mathrm{e}x+\mathrm{e}$　11. $p>1$；$p\leqslant 1$　12. $-4\sin 2$

13. e^{-1}　14. $\dfrac{5}{6}$

三、解答题

15. 解：$\lim\limits_{x\to\frac{\pi}{2}}\dfrac{\tan x}{\tan 3x}=\lim\limits_{x\to\frac{\pi}{2}}\left(\dfrac{\sin x}{\cos x}\cdot\dfrac{\cos 3x}{\sin 3x}\right)=-\lim\limits_{x\to\frac{\pi}{2}}\dfrac{\cos 3x}{\cos x}=-\lim\limits_{x\to\frac{\pi}{2}}\dfrac{3\sin 3x}{\sin x}=3.$

16. 解：原式 $=\lim\limits_{n\to\infty}\dfrac{1}{n}\left[\dfrac{1}{1+\left(\frac{1}{n}\right)^2}+\dfrac{1}{1+\left(\frac{2}{n}\right)^2}+\cdots+\dfrac{1}{1+\left(\frac{n}{n}\right)^2}\right]$

$$=\lim\limits_{n\to\infty}\sum_{i=0}^{n}\dfrac{1}{n}\left[\dfrac{1}{1+\left(\frac{i}{n}\right)^2}\right]=\int_{0}^{1}\dfrac{1}{1+x^2}\mathrm{d}x=\dfrac{\pi}{4}.$$

17. 解：$\lim\limits_{x\to\infty}\left(1+\dfrac{1}{x}\right)^{ax}=\lim\limits_{x\to\infty}\left[\left(1+\dfrac{1}{x}\right)^{x}\right]^{a}=e^{a}$，

$\displaystyle\int_{-\infty}^{a}te^{t}\,dt=\lim\limits_{b\to-\infty}\left[te^{t}-e^{t}\right]_{b}^{a}=ae^{a}-e^{a}-\lim\limits_{b\to-\infty}\left[be^{b}-e^{b}\right]$

$=e^{a}(a-1)$.

因为 $e^{a}=e^{a}(a-1)$，

所以 $e^{a}(a-2)=0$，即 $a=2$.

18. 解：两边同时对 x 求导得：

$$\frac{1}{\sqrt{x^{2}+y^{2}}}\cdot\frac{1}{2}\frac{2x+2yy'}{\sqrt{x^{2}+y^{2}}}=\frac{1}{1+\left(\dfrac{y}{x}\right)^{2}}\cdot\frac{y'x-y}{x^{2}}.$$

即：$\dfrac{1}{2}\dfrac{2x+2yy'}{x^{2}+y^{2}}=\dfrac{y'x-y}{x^{2}+y^{2}}$.

因此：$y'=\dfrac{x+y}{x-y}$.

19. 解：$f(x)$ 处处可导．$f'(x)=a\cos x+\cos 3x$，$f''(x)=-a\sin x-3\sin 3x$.

要使 $f(x)$ 在 $x=\dfrac{\pi}{3}$ 处取得极值只需 $f'\left(\dfrac{\pi}{3}\right)=0$．即 $\dfrac{1}{2}a-1=0$，得 $a=2$.

由于 $f''\left(\dfrac{\pi}{3}\right)=-\sqrt{3}<0$，所以 $f(x)$ 在 $x=\dfrac{\pi}{3}$ 处取得极大值．

极大值为 $f\left(\dfrac{\pi}{3}\right)=\sqrt{3}$.

20. 解：$\displaystyle\int\frac{e^{x}}{2+e^{2x}}\,dx=\int\frac{d(e^{x})}{2+(e^{x})^{2}}=\frac{1}{2}\int\frac{d(e^{x})}{1+\left(\dfrac{e^{x}}{\sqrt{2}}\right)^{2}}=\frac{1}{\sqrt{2}}\int\frac{d\left(\dfrac{e^{x}}{\sqrt{2}}\right)}{1+\left(\dfrac{e^{x}}{\sqrt{2}}\right)^{2}}$

$=\dfrac{1}{\sqrt{2}}\arctan\left(\dfrac{e^{x}}{\sqrt{2}}\right)+C.$

四、综合题

21. 证明：令 $f(x)=(x+1)\ln x-2(x-1)$，则有：

$$f'(x)=\ln x+\frac{x+1}{x}-2=\ln x+\frac{1}{x}-1,$$

$$f''(x)=\frac{1}{x}-\frac{1}{x^{2}}.$$

显然有 $f''(x)\geqslant 0\quad(x\geqslant 1)$，

所以 $f'(x)$ 在 $[1,+\infty]$ 上单调递增．

又 $f'(1)=0$，因此 $f'(x)\geqslant 0\quad(x\geqslant 1)$.

从而有 $f(x)$ 在 $[1,+\infty]$ 上单调递增，所以 $f(x)\geqslant f(0)=0$，即

$\ln x>\dfrac{2(x-1)}{x+1}$.

22. 解：原式 $=-\displaystyle\int_{0}^{1}\ln(1-x^{2})\,dx=-\int_{0}^{1}\ln(1-x)\,dx-\int_{0}^{1}\ln(1+x)\,dx$

$$= \lim_{\varepsilon \to 0^+} \int_0^{1-\varepsilon} \ln(1-x) \mathrm{d}(1-x) - \lim_{\varepsilon \to 0^+} \int_0^{1-\varepsilon} \ln(1+x) \mathrm{d}(1+x)$$

$$= \lim_{\varepsilon \to 0^+} \left[(1-x)\ln(1-x) \Big|_0^{1-\varepsilon} - \int_0^{1-\varepsilon} \mathrm{d}x \right] - (1+x)\ln(1+x) \Big|_0^1 + \int_0^1 \mathrm{d}x$$

$$= \lim_{\varepsilon \to 0^+} (\varepsilon \ln \varepsilon + 1 - \varepsilon) - 2\ln2 + 1$$

$$= 2 - 2\ln2.$$